父母是孩子最好的营养师

吃对喝好，孩子吃饭香 睡得好 长得高

毛凤星 主 编
北京儿童医院副主任营养师

中国轻工业出版社

图书在版编目（CIP）数据

父母是孩子最好的营养师 / 毛凤星主编. — 北京：中国轻工业出版社，2016.1

ISBN 978-7-5184-0702-6

Ⅰ.①父… Ⅱ.①毛… Ⅲ.①婴幼儿－保健－食谱②儿童－保健－食谱③青少年－保健－食谱 Ⅳ.①TS972.162

中国版本图书馆 CIP 数据核字（2015）第 266108 号

责任编辑：付　佳　王芙洁　　策划编辑：翟　燕　　责任终审：孟寿萱

责任监印：马金路　　整体设计：王超男

出版发行：中国轻工业出版社（北京东长安街 6 号，邮编：100740）

印　　刷：北京博海升彩色印刷有限公司

经　　销：各地新华书店

版　　次：2016 年 1 月第 1 版第 1 次印刷

开　　本：720×1000　1/16　印张：18

字　　数：300 千字

书　　号：ISBN 978-7-5184-0702-6　　定价：39.80 元

邮购电话：010-65241695　传真：65128352

发行电话：010-85119835　85119793　传真：85113293

网　　址：http://www.chlip.com.cn

Email：club@chlip.com.cn

如发现图书残缺请直接与我社邮购联系调换

141080S1X101ZBW

前言

让孩子营养均衡、身体健康，饮食是关键。只有让孩子养成良好的饮食习惯，才能保证孩子健康成长。而尽早帮助孩子形成正确的饮食观念，纠正孩子不良的饮食行为，是父母的一项重要任务。

本书针对0～12岁孩子的喂养问题，从食物选择、营养搭配、喂养方法、饮食习惯、健康食谱、饮食卫生等方面，详细而深入地介绍了培养孩子形成良好饮食习惯的方法以及丰富的营养知识。

新生宝宝特别娇嫩，稍不注意就会生病。合理喂养，可使新生宝宝机体得到所需营养的补充而健康地成长。

处于婴儿期的宝宝，体格生长发育特别快，脑发育也很迅速。这一阶段母乳喂养与辅食喂养相结合，是从喝奶过渡到逐渐增加辅食的过程。由于婴儿肠胃较弱，易于损伤，所以要循序渐进地添加辅食，以防消化不良或食物过敏。

1～3岁的宝宝处于幼儿期。此时宝宝从母体获得的免疫抗体逐渐消失，辅食逐渐变为主食；牙齿陆续萌出，幼儿生长所需的营养尤其是蛋白质增多，而幼儿咀嚼功能又未发育完善，如果这个问题解决不好，容易发生消化不良、腹泻、呕吐以及缺铁性贫血、佝偻病等。

4～6岁为学龄前期。这个年龄段的孩子消化功能基本与成人接近，可与家人共餐。但营养需要量仍然相对较高，食物的摄入量应逐渐增多，钙、磷、铁、锌摄入要充分，以保证骨骼和肌肉的发育。

7～12岁为学龄期。此时正是孩子体格和智力发育的关键时期，所以孩子的营养需求比成年人相对要高。

如果为人父母的你经常为孩子的饮食问题犯愁，本书会协助你解决这个头痛难题，并帮你建立良好的亲子关系，让你的孩子更加聪明健康。

让孩子聪明又健康的明星食材

玉米

促进大脑发育的“金豆豆”

玉米含有丰富的亚油酸、叶酸、钾、B族维生素，能促进孩子大脑和身体的健康发育。此外，玉米还含有玉米黄素，对孩子眼睛发育有益处。

黑芝麻

孩子天然的护肤品

黑芝麻中的维生素E能促进孩子对维生素A的利用，与维生素C一起能维持孩子的皮肤健康，还能营养大脑和毛发，促进肠道健康。

菠菜

补叶酸的优质蔬菜

菠菜的营养价值在绿叶蔬菜中名列前茅，含有丰富的叶酸、维生素C、维生素K、叶绿素、膳食纤维及抗氧化剂等物质，能为机体组织提供最佳的营养补充。

西蓝花

吃出孩子自己的免疫力

西蓝花富含抗氧化剂，常吃西蓝花可以增强孩子肝脏的解毒能力，还能提高孩子的免疫力，防止感冒和坏血病的发生。

洋葱

防感冒、促成长

洋葱中含有大蒜素，能杀菌消炎，可以帮助孩子预防感冒。研究发现，常吃洋葱能提高骨密度，有助于促进孩子骨骼生长。

胡萝卜

营养好吃又不上火的“小人参”

胡萝卜中含有胡萝卜素，胡萝卜素进入人体后，在肠和肝脏内转化为维生素A。维生素A能保护眼睛、促进皮肤健康和生长发育、抵抗传染，是孩子不可缺少的维生素。此外，胡萝卜富含钾，胡萝卜泥是宝宝腹泻时的良好辅助食品。

番茄

守卫孩子健康的天然抗氧化剂

番茄中含有丰富的番茄红素，它是一种有助于预防癌症和心脏病的天然抗氧化剂。

苹果

让孩子头脑好用的“记忆果”

苹果中富含碳水化合物、维生素C、膳食纤维、锌、钾等人体所必需的营养素，有“记忆果”之称。

香蕉

孩子的“开心果”

香蕉有一种独特的功能，就是帮助大脑制造血清素，使人感受到欢乐与快感，能使孩子更有创造力。此外，香蕉也是含钾很丰富的水果。

猕猴桃

呵护孩子健康的维C之王

猕猴桃富含多种人体所需的重要营养素：氨基酸、碳水化合物、B族维生素、维生素C、维生素E、膳食纤维及钾、钙、镁等矿物质。其维生素C含量相当丰富，称为“维C之王”。

核桃

孩子的“益智果”

核桃中的磷脂和锌，可以保护脑神经，促进孩子的大脑发育。核桃中富含人体必需的多不饱和脂肪酸，可增强孩子的免疫力。

红枣

天然的补血小红果

红枣中所富含的膳食纤维有助于促进孩子肠道益生菌的繁殖，进而预防孩子便秘；所富含的铁具有补血养气的作用，可提高机体的免疫力。

香菇

赶走孩子身边的感冒病毒

香菇中含有能增强人体抵抗疾病能力的麦角固醇，具有预防感冒的功效。孩子经常食用，可以增强对感冒病毒的抵抗力。此外，香菇富含维生素D，有利于孩子的骨骼发育。

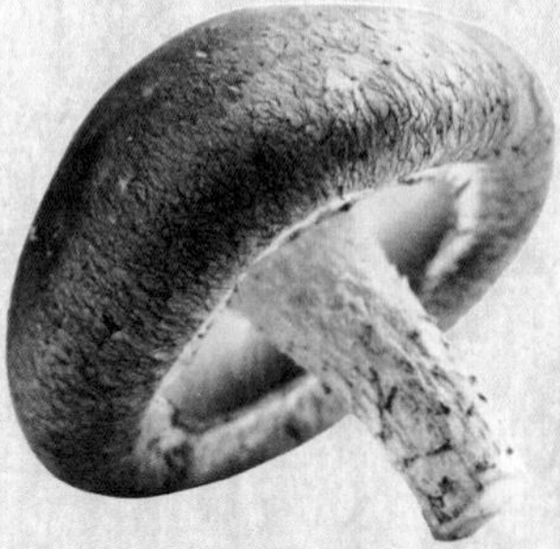

鸡蛋

孩子营养全面的宝库

鸡蛋中富含易被孩子身体吸收的卵磷脂、不饱和脂肪酸和钾、钠、镁、磷等矿物质，还含有维生素A、维生素B_2、维生素B_6、维生素D、维生素E等营养成分。能为孩子补充全面的营养。

海带

补碘的冠军食材

海带被誉为“含碘冠军”，经常食用能够有效地预防孩子缺碘，从而避免出现单纯性甲状腺肿大。此外，海带含丰富的膳食纤维，有通便作用。

虾

鲜美的补钙能手

虾肉味道鲜美，虾中所含有的钙质对孩子牙齿及骨骼的发育大有益处。

木耳

孩子消化系统的“清道夫”

木耳中特殊的胶质能够吸附人体内的灰尘和重金属，溶解或氧化孩子吃下的一些异物，如头发等，从而达到净化肠道的效果。此外，木耳富含铁，可预防缺铁性贫血。

牛肉

孩子强壮身体的最好肉食

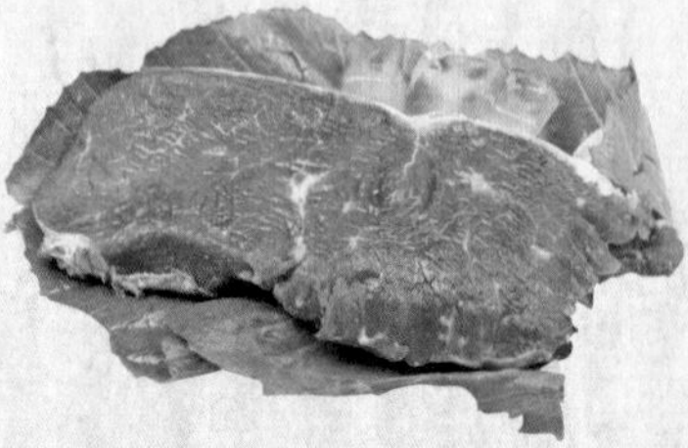

牛肉中脂肪含量低，蛋白质含量丰富，包含所有人体必需的氨基酸，对强壮孩子骨骼、促进孩子健康成长有非常积极的作用。

牛奶

孩子最好的钙质来源

牛奶中所含有的蛋白质品质好，热量较低，可以防止孩子摄入过多的热量，所含的钙也很适宜孩子的身体吸收。

鲢鱼

孩子健脑益智之鱼

鲢鱼头所富含的卵磷脂可增强记忆能力、分析能力和思维能力，提高智力，儿童宜多食用。

目录

掌握这些知识，才能做孩子合格的营养师

上篇

分阶段营养，给孩子最贴心的营养照顾

掌握这些知识，
才能做孩子合格的营养师

0~12岁孩子生长期划分与饮食特点

新生儿期 0~28天

从出生到28天称为新生儿期。合理喂养，可使新生儿机体得到所需营养的补充而健康地成长。母乳营养最为丰富，是新生儿最好的食品。我们鼓励和宣传母乳喂养，如果母乳不足，可用配方奶喂养，至于量和浓度要根据新生儿的身体情况（即消化与吸收情况）适时进行调整，以免引起消化不良。

婴儿期 1~12个月

从孩子满月到1周岁为婴儿期。这一阶段，婴儿的体格生长发育特别快，脑发育也很迅速，周岁婴儿体重大约是出生时的3倍，身高是出生时的1.5倍。这一阶段又是婴儿母乳喂养与辅食喂养相结合，继而从喝奶过渡到逐渐增加辅食的过程。

由于婴儿消化道短而窄，黏膜薄嫩，易于损伤，胃容量小，所以添加辅食应按时按量，量由少至多，质由稀到稠，循序渐进，恰到好处，并要注意观察婴儿大便性状，以防消化不良和食物过敏。

1~3岁 幼儿期

1~3岁称为幼儿期。幼儿期这个阶段，宝宝从断奶到乳牙长齐。此时幼儿从母体获得的免疫抗体逐渐消失，辅食逐渐变为主食；幼儿生长所需的营养尤其是蛋白质增多，但其咀嚼功能又未发育完善，如果这个问题解决不好，很容易发生消化不良、腹泻、呕吐以及缺铁性贫血、佝偻病等。

为了便于幼儿顺利度过乳牙生长期，在确定每日营养素、热量供给的基础上，在制作幼儿膳食时，要尽量做到细、软、烂、碎，并做到经常调换品种花样和口味，使幼儿想吃、要吃和吃得下。给幼儿添加食品要做到适时、适量，恰到好处。

4~6岁 学龄前

4~6岁为学龄前期。比起以前，生长速度相对减慢，达到稳定增长状态，孩子皮下脂肪的厚度减少了，显得比以前瘦，但体重持续上升。

这个年龄段的孩子消化功能基本与成人接近，可与家人共餐。但营养需要量仍然相对较高，蛋白质、脂肪、碳水化合物的供应比例为1：1.1：6，食物的摄入量应逐渐增多，钙、磷、铁摄入要充足，以保证骨骼和肌肉的发育。

7~12岁 学龄期

7~12岁为学龄期。此时正是孩子体格和智力发育的关键时期，男孩的食量相当于爸爸的，女孩的食量相当于妈妈的，每年体重增加2~2.5千克，身高增加4~7.5厘米，所以孩子的营养需求比成年人相对要高。

孩子成长路上不可缺的营养素

碳水化合物

主要热量的供给者

功能解析

为孩子的身体提供热量，是最主要也是最经济的热量来源。宝宝的神经、肌肉、四肢以及内脏等内外部器官的发育与活动都必须得到碳水化合物的大力支持。

缺乏表现

精神不振，头晕，全身无力，疲乏，血糖含量降低，脑功能障碍；体温下降，畏寒怕冷；生长发育迟缓，体重减轻；伴有便秘症状。

食物来源

薯类、面粉、大米、水果等。

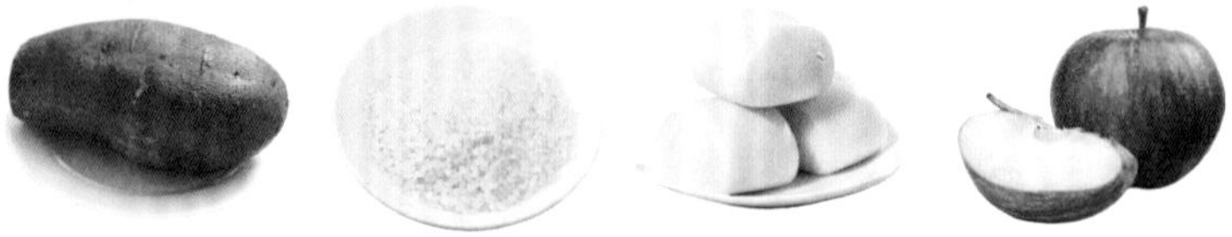

蛋白质

生命第一营养素

功能解析

增强免疫力，有助于宝宝身体新组织的生长和受损细胞的修复，促进新陈代谢，为身体补充热量。

缺乏表现

生长发育迟缓，体重减轻，身材矮小；容易疲劳，抵抗力降低，贫血，病后康复缓慢；智力发育受损。

食物来源

牛奶、畜肉、禽肉、蛋、水产、豆类、坚果类等。

脂肪

储存热量的重要物质

功能解析

为孩子身体提供热量，维持正常体温，外力冲击时保护内脏；促进维生素A、维生素D、维生素E、维生素K 等脂溶性维生素的吸收；间接帮助宝宝的身体组织运用钙，有助于宝宝牙齿和骨骼的发育。

缺乏表现

免疫力低下，容易感冒；记忆力不强；视力较差；经常感到口渴，出汗较多；皮肤干燥，头发干枯，头皮屑多，甚至患上湿疹；极度缺乏时体重不增加，身体消瘦，生长相对缓慢。

食物来源

畜肉、禽蛋、鱼、奶油、奶酪、坚果类、豆类、食用油等。

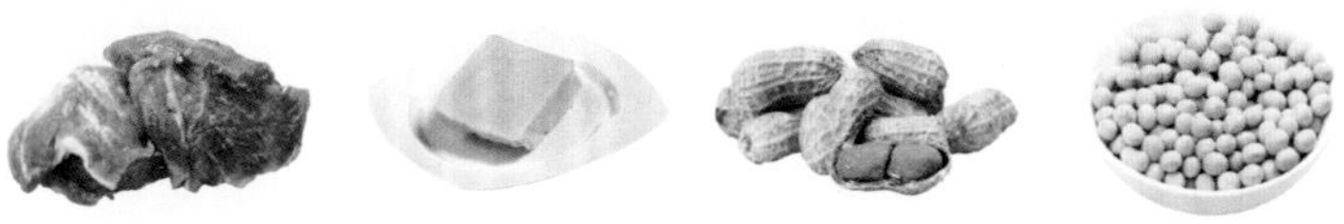

维生素A

护眼明目的功臣

功能解析

增强免疫力；维持神经系统的正常生理功能；维持正常视力，降低夜盲症的发病率；促进牙齿和骨骼的正常生长；修补受损组织，使皮肤光滑柔软，有助于血液的形成；促进蛋白质的消化和分解。

缺乏表现

食欲降低，生长迟缓；皮肤粗糙、干涩，浑身起小疙瘩，好似鸡皮；牙齿和骨骼软化；头发干枯、稀疏且没有光泽；眼睛干涩，夜间视力减退；指甲变脆，形状改变。

食物来源

动物肝脏、海产品、鱼肝油、蛋类、牛奶等。

B族维生素

提高孩子的智力

功能解析

能提高孩子的智力；促进食欲，有助于防止孩子因晕车、晕船或晕机而发生呕吐，帮助消化；保持神经系统、肌肉和心脏的正常功能。

缺乏表现

容易疲劳，烦躁易怒，情绪不稳定；胃口不好，消化不良，有时会吐奶；口腔黏膜溃疡，嘴角破裂且疼痛，舌头发红疼痛；精神不振，食欲下降；毛发稀黄，容易脱落。

食物来源

糙米、小米、绿叶蔬菜、豆类、牛奶、瘦肉、动物肝脏、鱼肉、酵母、蛋黄、坚果、香蕉等。

维生素C

增强免疫力的明星

功能解析

增强免疫力；促进孩子牙齿和骨骼的生长，防止牙齿出血；促进骨胶原的合成，利于伤口更快愈合；能对抗坏血病，降低慢性疾病的发病率，并能减轻感冒症状；降低过敏物质对身体的影响；帮助孩子更好地吸收铁、钙及叶酸。

缺乏表现

容易感冒；发育迟缓；骨骼畸形，易骨折；身体虚弱，面色苍白，呼吸急促；体重减轻，食欲缺乏，消化不良；有出血倾向，如牙龈肿胀出血、鼻出血、皮下出血等，伤口不易愈合。

食物来源

新鲜水果、蔬菜等。

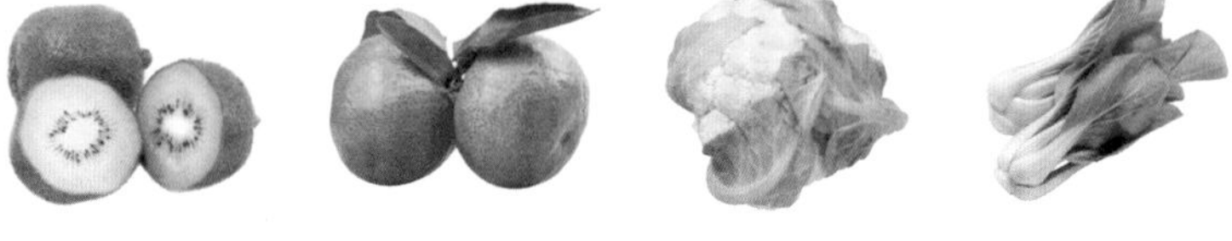

帮助孩子骨骼钙化

维生素D

功能解析

能提高宝宝对钙、磷的吸收，能促进宝宝生长和骨骼钙化，促进牙齿健康；防止佝偻病；促进宝宝的正常发育。

缺乏表现

易激怒、爱哭闹、睡眠不好、多汗；颅骨软化，用手指按压枕骨或顶骨中央会内陷，松手会弹回，多见于3～6个月的宝宝；易患小儿佝偻病，如肋骨外翻、肋骨串珠、鸡胸、漏斗胸、O形腿、X形腿等；近视或视力减退；出生后10个月甚至1岁才开始长牙，且齿质不坚、牙齿松动、缺乏釉质，易患龋齿等。

食物来源

鱼肝油、牛奶、蛋黄、虾、鸡肝、奶油、猪肝、口蘑等。

有利于孩子骨骼的发育

维生素E

功能解析

有利于孩子牙齿和骨骼的发育；提高孩子对磷和钙的吸收；降低患缺血性心脏病的概率。

缺乏表现

生长迟缓；皮肤粗糙、干燥、缺少光泽、容易脱屑；易患轻度溶血性贫血和脊髓小脑病。

食物来源

植物油、坚果、蛋黄、畜肉、鳝鱼、鱿鱼、牛奶、动物肝脏等。

钙

健齿强骨的主要成分

功能解析

维持神经、肌肉的正常兴奋性；维持正常的血压；构成牙齿、骨骼的主要成分，能预防骨质疏松症和骨折；可调节心跳节律，控制炎症和水肿；能调节人体的激素水平；降低患肠癌的概率。

缺乏表现

神经紧张，脾气暴躁，烦躁不安；肌肉疼痛，骨质疏松；多汗，尤其是入睡后头部出汗；夜里常突然惊醒，哭泣不止。轻微缺乏时会表现为关节痛、心跳过缓、龋齿、发育不良、手脚痉挛或抽搐等，严重缺乏时可引起小儿佝偻病。

食物来源

奶及奶制品、水产类、豆类、蛋类、坚果类等。

铁

血液的缔造者

功能解析

制造血红素；输送氧气和营养物质；促进宝宝的生长发育，提高免疫力；预防缺铁性贫血，防止疲劳。

缺乏表现

疲乏无力，面色苍白；好动，易怒，兴奋，烦躁；易患缺铁性贫血；皮肤干燥、角化，指甲易断裂；毛发无光泽、易脱落、易折断。

食物来源

动物全血、动物肝脏、畜禽肉类、鱼类等。

提高孩子的反应能力

锌

功能解析

促进宝宝的生长发育和智力发育，促进宝宝正常的性发育，维持宝宝正常的味觉功能及食欲，促进伤口的愈合，提高免疫力。

缺乏表现

生长发育缓慢，身材矮小，性发育迟滞；免疫力降低，伤口愈合缓慢；容易紧张、疲倦，警觉性降低；食欲差，有异食癖；指甲上有白斑，指甲、头发无光泽、易断；皮肤色素沉着，有横纹。

食物来源

牛肉、猪肉、猪肝、禽肉、鱼、虾、海带、牡蛎、蛏子、扇贝、香菇、口蘑、银耳、黄花菜、花生、核桃、栗子、豆类、杏仁等。

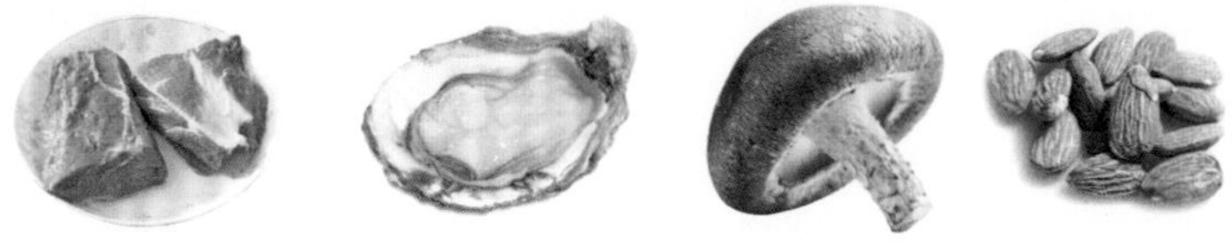

孩子生长发育少不了

碘

功能解析

最主要的作用是参与甲状腺素合成，具有促进生物氧化，促进蛋白质合成和神经系统的发育，促进碳水化合物和脂肪代谢，调节组织水、电解质代谢，促进维生素吸收和利用等多种生理功能。

缺乏表现

新生儿期表现为甲状腺功能低下的症状；儿童和青春期则会引起地方性甲状腺肿、甲状腺功能低下（简称甲减）。常伴有体格发育迟缓、性发育落后、身材矮小、肌肉无力等症状。

食物来源

海带、紫菜、带鱼、贝类、海参、海蜇等海产品，肉、蛋、奶类等。

孩子的零食选对了吗

孩了每天的活动量很大，但是他们小小的胃一次承受不了太重的负担，只靠一日三餐无法保证身体所需的热量。因此，适宜的零食也就变得格外重要。合理安排孩子的零食，达到既要增加营养素的摄入量，又能满足孩子馋馋的小嘴的目的，同时又不影响主食进餐量，不能让零食喧宾夺主。在选择零食时要考虑孩子的年龄特点、咀嚼和消化能力。

如何让孩子更健康地吃零食

提供足够的热量

为了让零食更有营养，每次可以选择两种不同种类的食物搭配在一起，例如面包和奶酪、水果和花生酱。

选择恰当的进食时间

零食应该是正餐的补充，而不能取代正餐。吃零食的时机，至少是在正餐前一个半小时。

鼓励孩子学会自我控制

你的孩子是不是已经会自己翻箱倒柜找零食了？他们通常会选择那些能看得见、够得着的东西，所以家长应该把水果等有营养的食物放在显眼的地方，而把甜食、薯片藏起来。

以身作则

如果家长喜欢吃零食，就别要求孩子养成良好的饮食习惯。记住，榜样的力量是无穷的。

补充蛋白质

在正餐之间让孩子吃一些富含蛋白质的食物，如奶酪、花生酱等。

预防龋齿

让孩子养成吃零食后刷牙的好习惯，或者至少漱漱口，少吃精制糖。

不必太紧张

孩子偶尔吃点甜食或薯片也不是不可以，需要注意的是，家长应帮助孩子养成良好的饮食习惯。

营养专家提醒

给孩子的零食要适量

给孩子吃零食的关键是要适量。专家认为，学龄前儿童每日吃3次零食，每次摄入的热量应为100~150卡。

○零食也要营养均衡

你的孩子是不是不爱喝牛奶，不愿吃苹果？由于挑食，孩子可能会缺失某些营养成分，而健康的零食也可以为孩子提供所缺的营养。

含钙质的零食

研究表明，100名1~3岁儿童中有11名缺钙，因此，补充钙质有助于儿童健康成长和骨骼的发育。常见的富含钙质的零食有：酸奶、酸奶拌麦片、虾泥等。

含蛋白质的零食

在孩子成长发育期，蛋白质有助于肌肉的发育，还有益于抵抗病毒。富含蛋白质的零食有：奶酪片、煮鸡蛋、花生酱、肉松等。

含维生素的零食

维生素是维持生命活动必需物质，也是保持孩子健康的重要活性物质。维生素在体内的含量很少，但在孩子生长、发育过程中发挥着重要的作用。常见的富含维生素的零食有水果和蔬菜，如果孩子不喜欢吃蔬果，可以在盘子上用水果和蔬菜拼出笑脸等可爱的图案，吸引孩子的注意力。

含膳食纤维的零食

富含膳食纤维的食物对孩子的健康大有好处，能维持肠道健康，还能避免孩子饮食过度。富含膳食纤维的零食有：掺入麦片的酸奶、全麦豆沙饼、葡萄干麦片和牛奶。

酸奶是常见的富含钙质的零食

善用料理小技巧，让挑食的孩子什么都吃

这也不吃、那也不吃的挑食孩子让父母伤透了脑筋。餐桌往往成了父母与孩子之间的谍对战场，若硬要孩子吃他讨厌的食物，可能会导致更大的“战役”，往往一发不可收拾。

怎样把这些口感上不讨喜的健康食材，让孩子乖乖吃下呢？考验父母厨艺的时刻到了。其实，只要把握以下料理小步骤，就能让挑食的孩子再也不挑食了！

改变食物形状

有些孩子不喜欢某些蔬菜的味道，可将食材压成泥状，加入婴儿米粉中（针对可以添加辅食的婴儿）；或混入肉馅，制成肉丸子、馄饨、饺子，以增加孩子的接受度。

孩子普遍不爱吃胡萝卜和豆制品，因为它们含有一种特殊的不易被接受的味道。家长在制作时既要设法去除这种独特的味道，也要多变换主副食的花样，采用不同的刀法制成片、丝、块、卷、夹等形态，再配以带馅的面点、拼盘式的菜肴和内容丰富的美汤。色彩鲜艳的饭菜一定会促进孩子的食欲。

○利用食材自身的味道调味

家长可利用水果的香甜压过某些蔬菜特有的味道，或是用番茄、洋葱、橙汁的味道去除鱼类的腥味等，分散孩子的注意力。

○发挥创意让食材可爱大变身

家长可以将一碗碗的白米饭变身为海苔卷、饭丸子；或将食材以卡通图案、花朵或动物造型呈现，来刺激孩子的食欲。

○以身作则，并多多给予鼓励

孩子的口味喜好往往受环境的影响，如果大人挑食或在孩子面前讲这不好吃，那没滋味，孩子也会先入为主，不会吃这些食物。因此家长一定要以身作则。另外，家长偶尔以奖励的方式鼓励孩子吃上一两口不爱吃但富含营养的食物，也能渐渐降低孩子对食物的抗拒感。

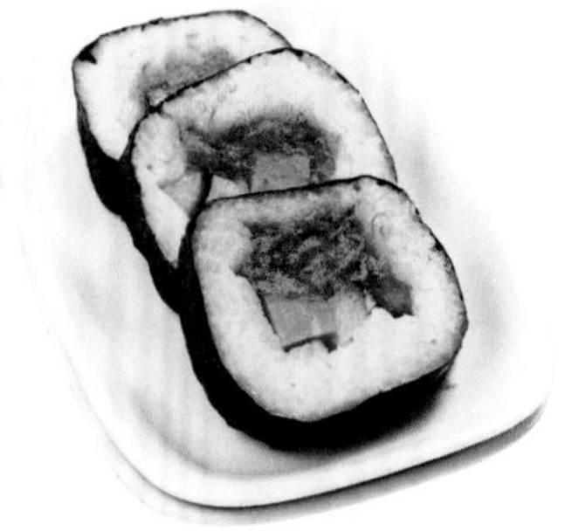

推荐几种花样制作小窍门

· 用海带丝、胡萝卜丝与肉馅、土豆丝制作菊花丸子。
· 用巧克力和成的咖啡色面与黄色的玉米面制作“魔方”，深黄与浅黄方格像玩具一样，既形象又美观。
· 用自制番茄酱烹制番茄豆腐盒（豆腐切成方块过油，内嵌肉馅，外裹红色番茄酱）、番茄豆腐丸（将豆腐和番茄酱混匀制成馅，用小勺挖成一个个豆腐丸子）。
· 用菜汁、蛋黄等和面制作彩色水饺、彩色蝴蝶卷，中间镶嵌着果脯、核桃仁等层次分明的开花馒头。

爸妈最需要的食材巧手处理

○ 蔬菜如何处理

蔬菜一次买太多该如何处理？对于有些不适合冷冻的蔬菜来说，可以焯烫、炒或蒸煮后再进行冷冻保存。当季盛产又便宜的蔬菜就可以此方法存放在冰箱中。

○ 土豆如何存放能保鲜

可以把买回来的土豆放在纸箱中，并且放在通风阴凉处。

○ 如何防止橘子发霉

如果将橘子放在纸箱里，应保持一定的间隔。最好把橘子放在网兜中，置于通风阴凉处。洋葱、大蒜等也可按此方法存放。

○ 鸡蛋该如何存放

鸡蛋放在冰箱保存时，应把圆的一端向上，尖的一端朝下，这样可让鸡蛋保持呼吸，保存更久。

○ 常用的调味料如何存放

常用的酱油、醋、料酒、油等，应冷藏保存。为了能在保存期限内保有调味料的品质，要避免高温，对于还没有开封的调味料要避免阳光直射，要放在阴凉通风处。一旦开封，每次使用后都要把瓶口擦干净、拧紧盖，夏季要放在冰箱冷藏。炒菜使用的油可放在阴暗处保存，最好在3个月内用完。

○ 如何防止盐或糖类调味品结块

很多人习惯将买回家的盐或糖之类的调味品原封不动地放在塑料袋里，过一段时间就会发现结块了。盐和糖非常容易受潮，所以要放在密封的罐中保存。另外，存放时要远离燃气灶。

食盐具有很强的吸湿性，长时间曝露在空气中容易结块。并且食盐中的碘在空气中也极易挥发，从而失效

○ 如何使贝类吐净泥沙

像蛤蜊、蛏子等贝类一般都含有泥沙，所以买回来一定要吐沙。可以将其浸泡在盐水中，在阴暗处静置三四个小时，吐完沙后再用流水将外壳冲洗干净。

○ 肉买回家后该不该清洗

基本上刚买回家的肉不应清洗，但如果肉不太新鲜，摸上去黏黏的，就要用水冲一下。但不能冲太久，以免鲜味流失。洗完后要擦干水分再保存。

○ 肉类怎么处理口感松软

肉质不够松软会增加孩子咀嚼上的困难。家长在烹调前可以在肉里加入含有蛋白质分解酶的菠萝、木瓜等食材，可以有效软化肉质。

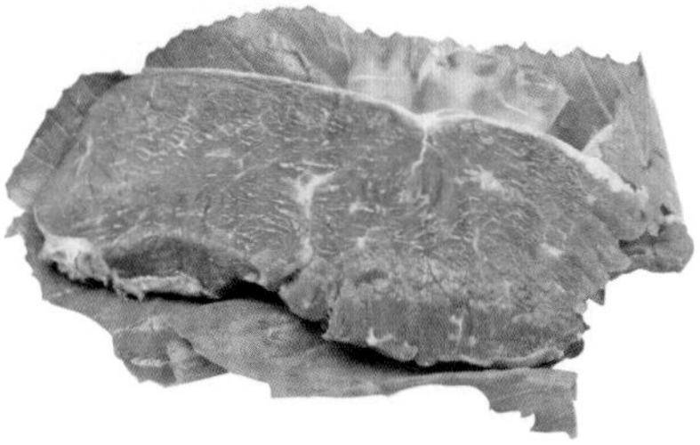

上篇

分阶段营养，给孩子最贴心的营养照顾

第一章

0～6个月，
母乳是最好
的营养

第二章

6～12个月，
添加辅食
要及时

第三章

1～3岁，
逐步过渡到
食物多样化

第四章

4～6岁，
养成饮食
好习惯

第五章

7～12岁，
摄取更多的
营养素

第一章

0~6个月，母乳是最好的营养

母乳是婴儿最好的食物。母乳含有6个月内婴儿身体必需的营养物质，而且能让婴儿充分消化吸收。特别是母乳中的初乳，含有免疫抗体，能保护婴儿免受细菌和病毒感染。6个月内婴儿应尽量实行纯母乳按需喂养。

0~6月龄婴儿消化和排泄功能发育

新生儿消化器官发育未成熟，功能尚未健全。唾液腺发育欠成熟，唾液分泌较少，口腔内黏膜干燥易受损。同时唾液中淀粉酶含量低，不利于消化淀粉。4月龄后唾液腺逐渐发育完善，唾液分泌量增加，唾液中的淀粉酶也逐渐增加，消化淀粉类食物的能力增强。从6个月起，婴儿逐渐可以吃些软质的食物。

新生儿的胃呈水平状。胃贲门的括约肌弱，而幽门部肌肉较紧张，因此在吸饱奶后受振动易溢奶。

婴儿的胃容量较小，正常足月儿胃容量为25～50毫升，到出生后第10天时可增加到约100毫升，6个月约为200毫升。

婴儿的胃液和胃酸的分泌量也较少，胃蛋白酶的活力弱，凝乳酶和脂肪酶含量少，因此消化能力弱，胃排空延迟。但消化蛋白质的能力较好。

营养专家提醒

新生儿期的肾脏结构不成熟。肾小球的滤过率仅为成人的1/4～1/2，肾小管的重吸收、分泌及酸碱调节功能也较弱。尿的浓缩能力、尿素及钠的排出能力有限。因此，人工喂养时如果蛋白质和矿物质（尤其是钠）摄入过多，易发生水肿及血中尿素升高。

0~6月龄婴儿身高体重走势图

身高和体重等生长发育指标反映了婴儿的营养状况，父母可以在家里对婴儿进行定期的测量，这种方法简单易行，不仅可以帮助父母更好地了解婴儿的生长发育速度是否正常，也可以及时提醒父母其喂养婴儿的方法是否正确。特别需要注意的是，孩子生长有其个体特点，生长速度有快有慢，只要孩子的生长发育在正常范围内就不必担心。婴儿的年龄越小，测量的间隔时间应越短，出生后前6个月每半个月测一次，病后恢复期可增加测量次数。

0~6月龄男孩平均身高/体重走势图

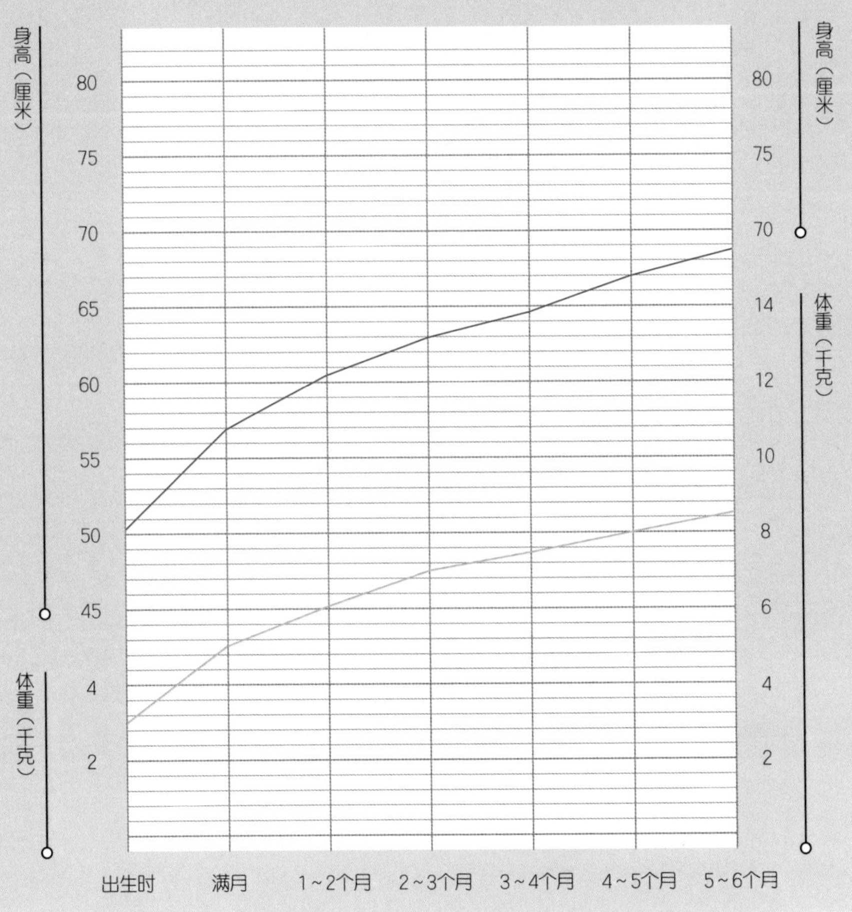

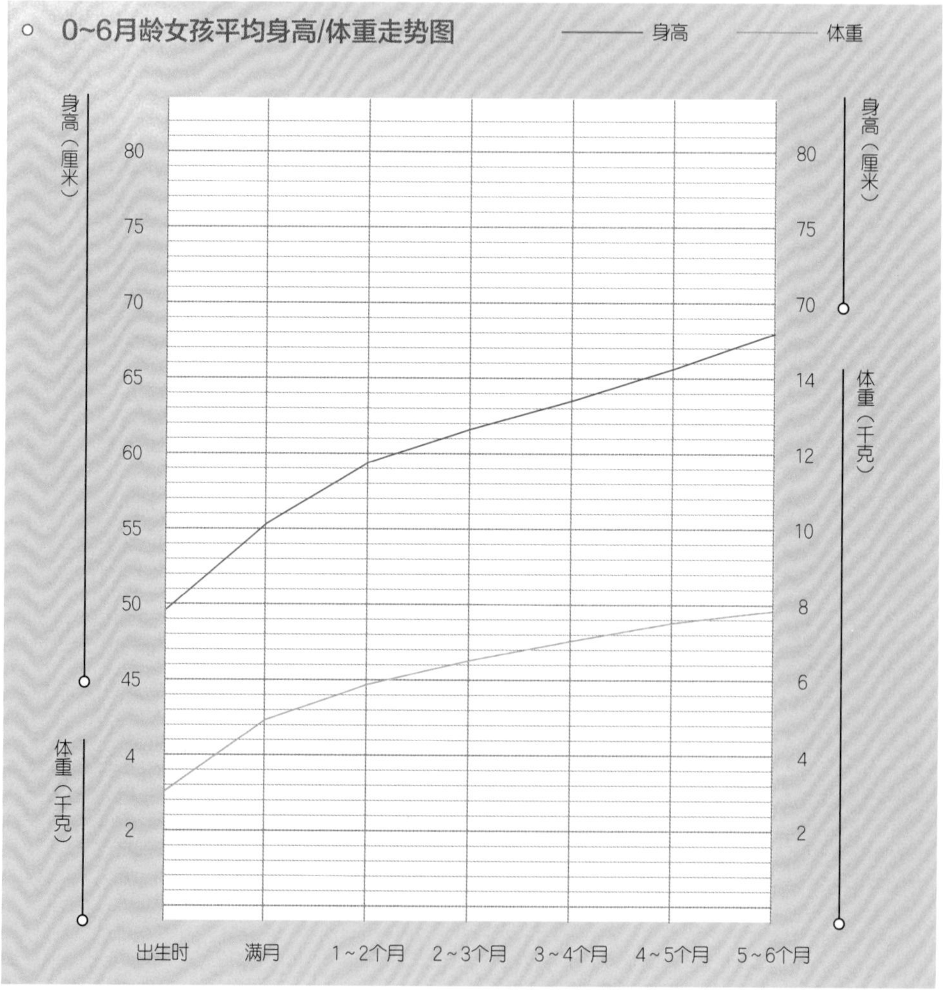
0~6月龄女孩平均身高/体重走势图
身高
体重
身高（厘米）
80
75
70
65
60
55
50
45
体重（千克）
4
2
身高（厘米）
80
75
70
体重（千克）
14
12
10
8
6
4
2
出生时
满月
1~2个月
2~3个月
3~4个月
4~5个月
5~6个月

首选纯母乳喂养

母乳是6个月之内婴儿最理想的天然食品。母乳所含的营养物质齐全，各种营养素之间比例合理，含有多种免疫活性物质，非常适合身体快速生长发育、生理功能尚未完全发育成熟的婴儿。母乳喂养也有利于增进母子感情，使母亲能悉心护理婴儿，并可促进母体的复原。同时，母乳喂养经济、安全又方便，不易发生过敏反应。纯母乳喂养能满足6个月以内婴儿所需要的全部液体、热量和营养素。

世界卫生组织建议，最少坚持完全纯母乳喂养6个月，6个月后开始添加辅食的同时，应继续给予母乳喂养，最好能坚持到2岁。在6个月以前，如果婴儿体重不能达到标准体重时，需要增加母乳喂养次数。

母乳的主要营养成分

蛋白质	大部分是容易消化的乳清蛋白，且含有代谢过程中所需要的酶以及抵抗感染的免疫球蛋白和溶菌素
脂肪	含有较多的不饱和脂肪酸，并且脂肪球较小，容易吸收
碳水化合物	主要是乳糖，在孩子的消化道内转变成乳酸，能促进消化，帮助钙、铁、锌等的吸收，也可以促进肠道内乳酸杆菌的大量繁殖，提高消化道的抗感染能力
钙、磷	含量不高，但比例适当，容易被孩子吸收利用

营养专家提醒

○实行纯母乳喂养的建议

为了使妈妈们能够实行和坚持在最初6个月进行纯母乳喂养，世界卫生组织和联合国儿童基金会建议：

①在分娩后最初6小时内就开始母乳喂养。

②母乳喂养最好按需进行，不分昼夜。

③最好不要使用奶瓶、人造奶头喂奶。

初乳赛珍珠

初乳是指新生儿出生后7天内所吃的母乳。俗话说，“初乳滴滴赛珍珠”。初乳不但含有一般母乳的营养成分，还含有抵抗多种疾病的抗体、免疫球蛋白、溶菌酶、吞噬细胞、微量元素等。这些成分能提高新生儿的抵抗力，促进新生儿的健康发育。初乳中含有保护肠道黏膜的抗体，能防止肠道疾病。初乳中蛋白质的含量高、热量高，新生儿易于消化和吸收。初乳还能刺激肠胃蠕动，加速胎便排出，加快肝肠循环，减轻新生儿生理性黄疸。

○ 初乳成分与功效图

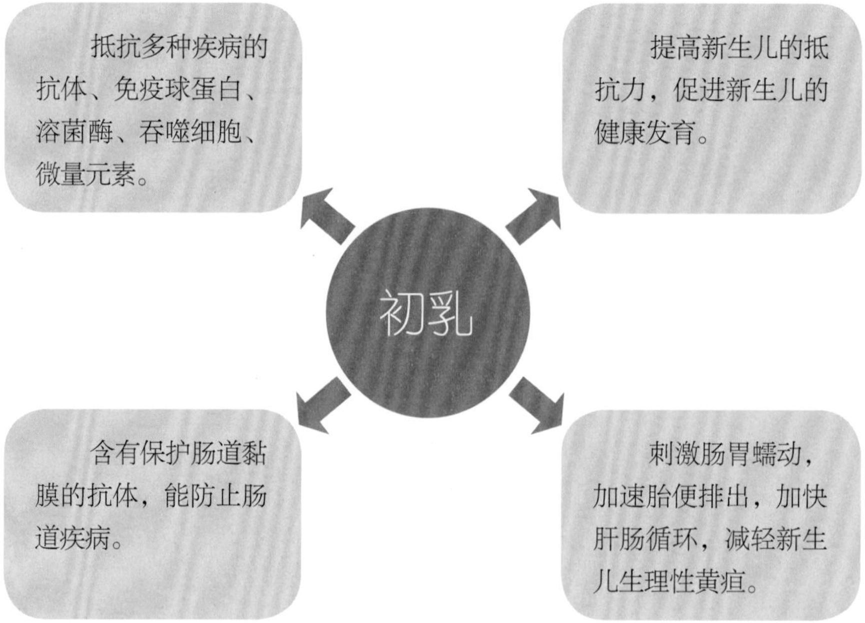
初乳
抵抗多种疾病的抗体、免疫球蛋白、溶菌酶、吞噬细胞、微量元素。
提高新生儿的抵抗力，促进新生儿的健康发育。
含有保护肠道黏膜的抗体，能防止肠道疾病。
刺激肠胃蠕动，加速胎便排出，加快肝肠循环，减轻新生儿生理性黄疸。

总之，初乳的优点很多，妈妈和孩子一定要珍惜。特别是产后头几天的初乳，免疫抗体含量最高，千万不能丢弃。

母乳喂养的正确姿势

○ 妈妈哺喂姿势

在喂奶的过程中，妈妈要保持放松、舒适，宝宝要安静。

妈妈用手臂托着宝宝的头，使他的脸和胸脯靠近妈妈，下颌紧贴妈妈的乳房。

妈妈用手掌托起乳房，用乳头刺激宝宝口唇，待宝宝张嘴，就将乳头和乳晕一起送入宝宝的嘴里。待宝宝完全含住乳头和大部分乳晕后，他用两颌和舌头压住乳晕下面的乳窦来“挤奶”。

妈妈应将手指握住乳房上下方，托起整个乳房喂哺，以便于宝宝吸吮，这样还不会堵住宝宝的鼻子。

婴儿良好的含接方式		
含接良好 ✓	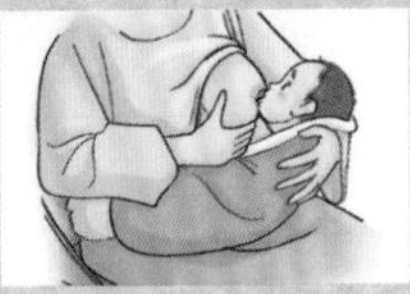	嘴张较大 下唇向外翻 下颌接触乳房
含接不好 ✗	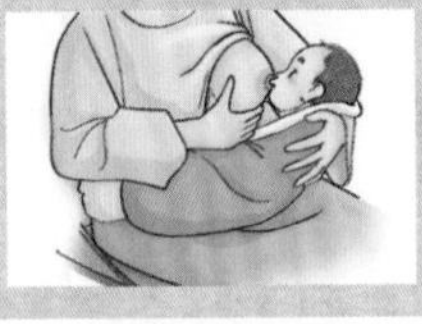	嘴未张大 下唇向内 下颌未接触到乳房

婴儿良好的吸吮状态		
良好的吸吮状态 ✓	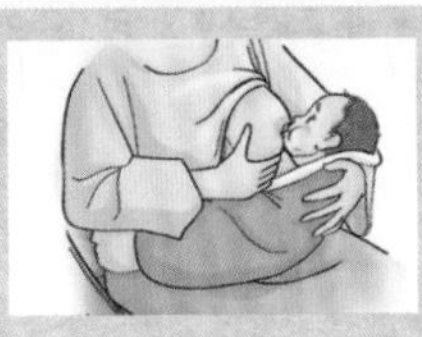	吸吮慢而深，有停顿 吸吮时双颊鼓起 婴儿吃饱后嘴松开乳房 妈妈有泌乳反射指征
不良的吸吮状态 ✗	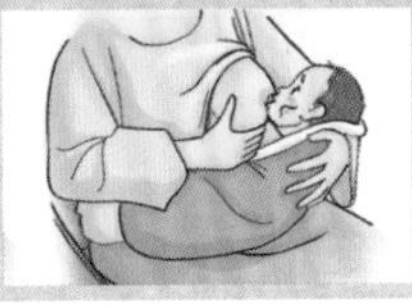	吸吮快而浅 吸吮时面颊内陷 易把婴儿和乳房分开 无泌乳反射指征

人工喂养的乳类选择

对于由于种种原因不能进行母乳喂养的婴儿，应首选婴儿配方奶粉喂养，不宜用非婴儿配方奶粉或液态奶直接喂养婴儿。

常见的奶粉种类	
全脂奶粉	它基本保持了牛奶的营养成分，普遍增加了维生素A和维生素D，最适合中青年
脱脂乳粉	牛奶脱脂后加工而成，口味较淡，适合中老年人、肥胖人群和高脂血症患者
速溶奶粉	速溶奶粉溶解速度比较快，但消化困难，含糖量高，颗粒粗，易吸收水分，不适合婴儿喂养。有的速溶奶粉冲化后有沉淀物，说明有不易溶解的杂质
加糖奶粉	甜奶粉是将牛奶水分去掉，加糖制成的。甜奶粉含糖量高，不易消化，味道偏甜，容易造成孩子对甜食的依赖，增加喂辅食的难度
特殊配制奶粉	根据有特殊生理需求的人的生理特点，去除了牛奶中的某些营养物质或强化了某些营养物质（也可能二者兼而有之），因此具有某些特定的生理功能，如中老年奶粉、低脂奶粉、糖尿病奶粉、双歧杆菌奶粉、高钙奶粉等
婴儿配方奶粉	以牛奶为主要原料，根据母乳的营养，重新调整搭配奶粉中的酪蛋白与乳清蛋白、饱和脂肪酸与不饱和脂肪酸的比例，除去了部分矿物盐的含量，加入各种维生素、乳糖、精炼植物油等，比较适合婴儿食用

选择奶粉的注意事项

· 包装要完好无缺，不透气，最好选罐装奶粉。
· 包装上要注明生产日期、生产地、保存期，保存期最好用钢印打出来，没有涂改嫌疑。
· 奶粉外观应是浅黄色粉末，颗粒均匀一致，没有结块；闻之有清香味；用温开水冲调后，溶解完全，静置后没有沉淀物，奶粉和水无分离现象。
· 最好购买有一定知名度的品牌奶粉，但要防止假冒伪劣产品。
· 虽然有的奶粉保质期比较长，但最好购买近期生产的奶粉，开罐后不要超过1个月。

冲奶粉也有大学问

冲奶粉看似简单，但也是最容易出错的一件事。如何给婴儿冲奶粉，这是新手父母的必修课。

○冲奶粉用什么水好

冲奶粉最好选用煮沸冷却后的自来水，即白开水。自来水经过消毒，会有部分氯化物和亚硝酸盐的残留，因此，要煮沸3分钟进行除氯，冷却后再用来冲奶粉。另外，不能用米汤、面汤、豆浆等冲奶粉，这样不但不能使二者的营养加倍，还会影响孩子的消化吸收功能。

○冲奶粉用水的温度

不同品牌奶粉对冲调温度要求不一样，如日版明治奶粉的最佳冲调温度是70℃，荷兰牛栏的最佳冲调温度是37~43℃，这主要与产品的工艺有关。因此，冲奶粉的水温应参考产品标注的温度。

冲奶粉的水温判断：最直接的方法就是购买温度计，但操作起来不便利。可用手腕内侧皮肤测温，以温热而不烫手为宜，温度一般接近体温或比体温略高为宜。

○奶粉的冲调比例

每款配方奶粉都会在包装上标注明确的冲调比例，这一比例是根据各品牌奶粉的营养成分含量来定的。但个别妈妈对添加奶粉的分量很随意，冲调用水量也或多或少，不讲究调配浓度。

若冲调奶液过浓，会增加婴儿的肠道负担和肾脏负担，导致消化功能紊乱，宝宝无法完全消化摄入的蛋白质，容易消化不良，这也正是喝奶粉的宝宝易上火的常见原因之一。若奶粉冲调过稀，婴儿容易出现营养缺乏，导致个头小、消瘦等情况。育儿专家表示，婴幼儿的奶粉一定要按照所要求的比例冲调。

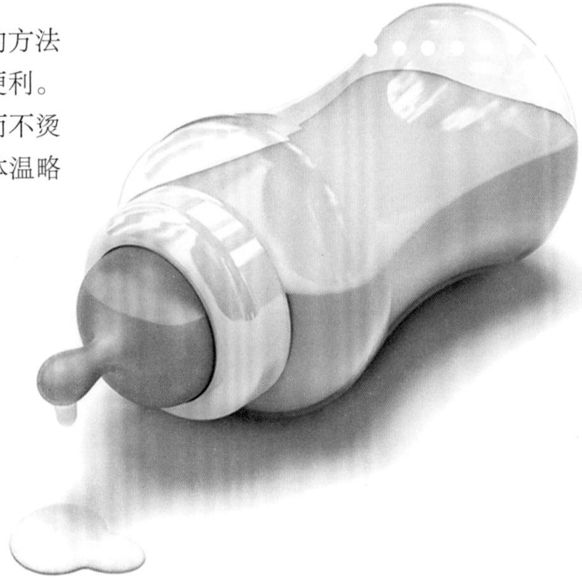

给宝宝选择合适的奶粉很重要，如何冲奶粉也是一门大学问，这关系到宝宝对营养的吸收

○ 要先加水后加奶粉

先加奶粉后加水是最常见的一种错误冲调方法，按照日常习惯，大多数人都会将粉末状的冲剂倒入杯子或碗中，然后用水冲。但是婴儿奶粉不能这样冲调，正确的冲调顺序应是先在奶瓶中放入一定量的温水，然后按照冲调比例倒入相应量的奶粉。

每款奶粉的冲调比例都是特定的，如果先加奶粉后加水，加到原定刻度，奶就冲浓了；而先加水后加奶粉，会涨出一些，但浓度适宜。婴儿喝过浓的奶，胃肠消化能力难以负担，肾脏的排泄能力也难以承受。

○ 掌握摇晃奶瓶的力度

通常给宝宝冲奶粉都是直接用奶瓶冲的，在水中加入正确量取的奶粉量后，为使奶粉溶解更加均匀不结团，需要稍微进行摇晃助溶。但很多爸爸会很粗鲁地摇晃奶瓶，上下左右前后各个方向摇晃，最后使得奶粉产生很多气泡，宝宝喝了之后会不断打嗝。

正确摇晃奶瓶的方法是：手握奶瓶中上部，沿同一方向摇晃瓶底，使其在水平面上旋转。速度不宜太快，以不产生气泡为宜。若产生气泡，应静置至气泡消失后再给宝宝饮用。

如何给新生儿调配奶粉

· 刚出生的新生儿，消化功能弱，要用新生儿专用配方奶粉，一定要严格按产品说明调配奶液。

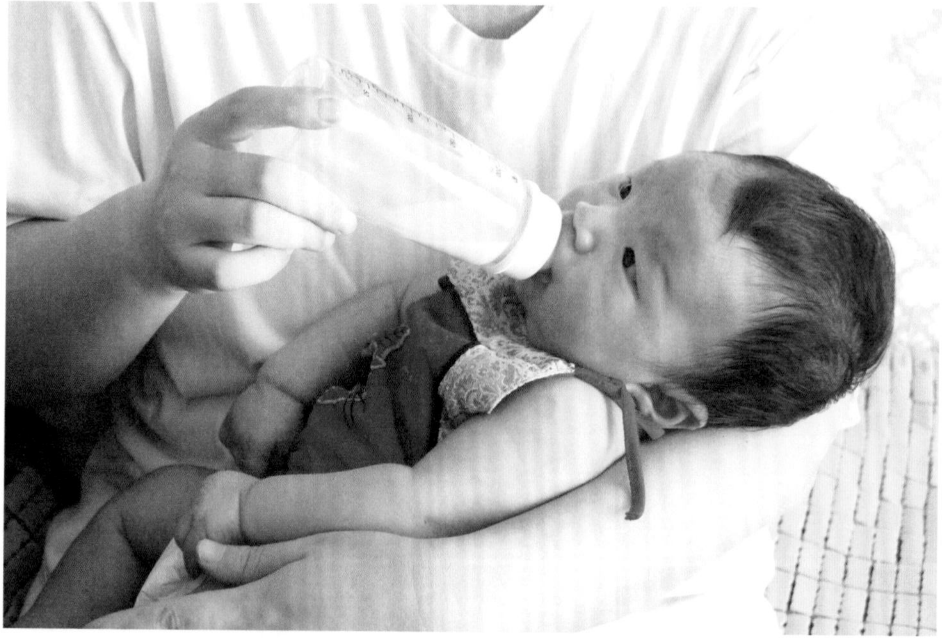

DHA、ARA 对人体脑细胞分裂、神经传导、智力发育和免疫功能有十分重要的作用，给宝宝选择奶粉时，要考虑给宝宝选择含足量且比例合适的DHA和ARA 的配方奶粉

哺乳妈妈饮食的注意要点

○少吃盐

哺乳的妈妈应特别注意少吃盐，调味品中番茄酱、味精、酱油都要少吃。

○多食用有排毒功能的食物

日益严重的环境污染对于乳汁的影响也不容忽视，哺乳的妈妈应注意多食用一些有排毒功能的食物，如萝卜、海带、木耳、黄瓜、绿豆、猪血、葡萄、樱桃、魔芋、草莓、苹果等，并且要多喝水。

○“大补”不如不挑食

从营养的角度看，新妈妈的饮食量应比怀孕前增加30%左右。产后饮食要注意粗细搭配、荤素搭配，要均衡饮食，以满足哺乳所需营养，而无须“大补”。

○小心农药对乳汁的影响

选择绿色的蔬菜和水果能够有效地避免农药对乳汁的影响。在食用蔬菜和水果前，要在清水中浸泡5分钟，并彻底清洗干净。

○补充足量的水分

产后最初几天胃液中盐酸分泌减少、胃肠道的肌张力及蠕动能力减弱，新妈妈常常会感到口渴，食欲不佳。新妈妈的皮肤排泄功能也变得极为旺盛，特别爱出汗，同时增加了给孩子哺乳的任务。因此，新妈妈应补充大量的水分，可以选择果汁、牛奶、汤羹等。

专题 哺乳妈妈最关心的营养问题

Q 为了给宝宝喂奶，我的食量比孕期还要大，我担心这么吃会变得非常胖。哺乳期的妈妈每天应该摄入多少热量？

A 一般医生会建议哺乳期的妈妈每天摄入大约2200千卡的热量。想要减肥的妈妈可以摄入得少一些，大约1800千卡就够了。并不是吃得越多，分泌的乳汁营养就越丰富，重要的是看新妈妈每天摄入营养的多少和营养的配比。

Q 我的儿子13个月了，母乳喂养。我听说这个阶段的妈妈即使每天摄入1000~2000毫克钙还是有可能出现骨质流失，造成缺钙。那么，哺乳期妈妈每天应该摄入多少钙才能满足身体的需要呢？

A 哺乳期妈妈每天需要摄入1200毫克左右的钙，这个量大约等同于4杯低脂奶所含的钙质。如果钙的摄入少于这个建议的量，那么身体就会从骨骼中吸取钙，从而引起骨质流失。

即使妈妈从食物中能够摄入足够的钙质，骨质流失还是不可避免。这可能与哺乳期妈妈体内雌激素含量降低有直接的关系。大部分在哺乳期流失的钙在停止哺乳后6个月左右都会恢复。女性在哺乳时会出现骨质流失的情况，但这只是暂时的，而且对骨密度不具有长期危害性。

哺乳期妈妈每天只要按照医生的建议适当补钙即可，如果每日的饮食中已经富含了足够的钙质，则无须额外补充。

Q

我听说，妈妈吃了某些食物会令孩子胃肠胀气，在哺乳期哪些食物是应该避免的？

A

有些婴儿会对母亲的饮食比较敏感，但妈妈不可因此随意限制自己的饮食，除非你已确认某种食物确实会引起宝宝过敏。

假如孩子的过敏源于食物，大多是由于对母乳中的蛋白质不耐受。在这种情况下，可以在食谱中去除蛋白质含量丰富的食物，而且要坚持至少1周。如果不见好转，可以尝试继续食用该食物，但同时去除另外一种食物，以此来判断到底哪种食物是罪魁祸首。每天详细记录妈妈的食谱以及孩子的反应。最好选择纯天然食物，尽量少吃加工食品。

Q

妈妈本身就贫血，所以每天都补铁，希望孩子不要贫血，这样做对吗？

A

虽然母乳中铁的含量并不多，却可以很好地被孩子吸收。母乳中大概50%的铁都可以被吸收，婴儿从母乳中每天可以摄入15～68毫克的铁。

足月新生儿在出生时体内就储存着铁，再加上从母乳中摄入的铁，在出生后的头6个月基本上不需要额外补充铁质。如果担心孩子缺铁，可以去医院做一个简单的血液检测。

哺乳期间补充铁剂，更多的是为了保证母亲的健康。如果能依靠饮食来补铁，最好不要服用补铁药剂。即使要补，也要在医生的指导下进行。

催乳食谱推荐

红枣桂圆粥 滋补气血

材料 桂圆肉20克，红枣30克，糯米100克。

调料 红糖5克。

做法

1 糯米淘洗干净，用冷水浸泡2小时；桂圆肉去杂质，洗净；红枣洗净，去核。

2 锅置火上，加入适量冷水煮沸，加入糯米、红枣、桂圆肉，大火煮沸，再改用小火慢煮成粥，加入适量红糖即可。

营养师说功效

桂圆含有能被人体直接吸收的葡萄糖，适宜体虚者；红枣可以补气养血。二者搭配糯米煮粥，可以滋补气血。

木瓜鲫鱼汤 利水消肿、催乳

材料 木瓜250克，鲫鱼300克。

调料 盐、料酒、葱段、姜片各适量。

做法

1 将木瓜去皮除子，洗净，切片；鲫鱼处理干净备用。

2 锅置火上，倒油烧热，放入鲫鱼煎至两面金黄色后盛出；将煎好的鲫鱼、木瓜片、葱段、料酒、姜片放在汤煲内，加清水适量，大火煲40分钟，放盐调味即可。

○营养师说功效

木瓜有通乳作用，鲫鱼富含蛋白质。这道菜可补虚强体、利水消肿，而且催乳效果十分显著。

猪骨炖莲藕 通络下乳、补充钙质

材料 猪腿骨500克，莲藕200克，豆腐100克，红枣20克。

调料 姜片、盐各适量。

做法

1 将猪腿骨洗净，斩成段，放入沸水锅中焯烫一下，捞出，沥净血水。

2 将莲藕去皮，洗净，切块；将豆腐洗净，切块；将红枣洗净。

3 锅置火上，放入适量清水、猪骨，煮开，撇去浮沫，加入莲藕块、姜片、豆腐块、红枣烧沸，转小火慢煮至熟烂，加入盐调味后稍煮即可。

营养师说功效

这道菜富含优质蛋白质、钙、维生素、碳水化合物和矿物质，有益气补血、润肠清热、凉血安神的功效。新妈妈哺乳期间多食，有利于通络下乳。

油菜炒豆腐 益气补中、增乳下乳

材料 豆腐150克，油菜100克。

调料 盐、水淀粉、姜丝、香油、清汤各适量。

做法

1 将豆腐洗净，切块，放入热油锅中煎成金黄色，出锅沥油。

2 油菜择去老叶、根，洗净，切成段。

3 锅中倒油烧热，放入姜丝煸香，加入油菜煸炒，放入豆腐、清汤烧沸，加盐，用水淀粉勾芡，淋上香油即可。

○营养师说功效

这道菜有益气补中、生津润燥、清热解毒、清肺止咳的功效。新妈妈多食有增乳下乳的功效。

豌豆炖排骨 补钙、生肌、润肠胃

材料 排骨500克，豌豆50克。

调料 盐2克。

做法

1 将豌豆洗净；排骨洗净，剁成小块，放入沸水锅中焯烫，捞出沥干。

2 净锅置火上，放适量清水，放排骨炖至八成熟，放豌豆，煮至豌豆、排骨烂熟，加盐调味即可。

○营养师说功效

这道菜含丰富的优质蛋白质、脂肪等，新妈妈多食能补钙、生肌、润肠胃，帮助强健身体。

党参牛肉汤 补气健脾、强壮身体

材料 红枣30克，党参15克，牛肉250克。

调料 盐3克，姜片10克，香油少许，牛骨高汤适量。

做法

1 将红枣洗净，去核；党参、牛肉分别洗净，切片。

2 将以上材料放入锅中，放牛骨高汤，加姜片，大火烧沸，用中火煲1小时，以少许盐调味，滴香油即可。

营养师说功效

红枣有补气健脾、养心安神的作用；党参有补中益气、健脾胃的作用；牛肉可以滋补身体。这道汤营养丰富，有利于新妈妈产后恢复。

豆浆莴笋汤 利尿、通乳

材料 莴笋250克，豆浆200克。

调料 姜片、葱段各5克，盐2克。

做法

1 将莴笋去皮，分出茎和叶，洗净。将莴笋茎切条，莴笋叶切段。

2 锅置火上，倒油烧至六成热，放姜片、葱段煸香，放入莴笋条、盐，大火炒至断生。

3 拣去姜片、葱段，放入莴笋叶，倒入豆浆煮熟，加盐调味即可。

○营养师说功效

有的新妈妈会有乳糖不耐症，可选择豆浆代替牛奶来补充体力。妈妈进补得顺利，宝宝营养摄取会更得当。

清蒸乌鸡 防止佝偻病、改善缺铁性贫血

材料 乌鸡500克，枸杞子15克。

调料 葱段、姜片、盐、料酒各适量。

做法

1 将乌鸡洗净，切块，加葱段、姜片、盐、料酒拌匀。

2 在乌鸡肉上面铺上枸杞子，放入蒸锅中隔水蒸50分钟即可。

○营养师说功效

乌鸡中含丰富的钙质和铁，能防止骨质疏松和佝偻病，改善缺铁性贫血，适合新妈妈多食。

花生炖猪脚 益血养阴、通乳

材料 猪蹄2只（约500克），花生米50克。

调料 盐4克。

做法

1 将猪蹄洗净，用刀划口，便于入味。

2 将猪蹄、花生米放入锅中，加适量清水，大火烧开，撇去浮沫，用小火炖至熟烂，加盐调味，骨能脱掉时即可。

营养师说功效

猪蹄中含有较多的蛋白质、脂肪和碳水化合物，有催乳和美容的双重功效。

鸡丝豌豆汤 补中益气、催乳通乳

材料 鸡胸肉200克，豌豆50克。

调料 高汤、盐、香油各适量。

做法

1 将鸡胸肉洗净，入蒸锅蒸熟，取出撕成丝，放入汤碗中。

2 将豌豆洗净，入沸水锅中焯熟，捞出沥干水分，放入汤碗里。

3 锅置火上，倒入高汤煮开，加盐调味，浇入已放好鸡丝和豌豆的汤碗中，淋上香油即可。

温馨tips

如果用带有咸味的熟鸡肉制作，应该适当减少盐的用量。

鱼头冬瓜汤 补气血、通经下乳

材料 鲢鱼头500克，冬瓜200克。

调料 葱花、姜片、盐、香油各适量。

做法

1 将鲢鱼头去鳃，洗净，从下颌部剖开，摊平；将冬瓜去皮除子，洗净，切块。

2 炒锅置火上，倒入油烧热，放入鲢鱼头，煎至两面金黄色盛出。

3 将煎好的鲢鱼头、葱花、姜片一起放入砂锅内，加适量温水置火上大火烧沸，转小火煮至鲢鱼头九成熟，下入冬瓜块煮熟，加盐和香油调味即可。

温馨tips

鲢鱼头煮汤前用油煎至两面金黄，不但可以去除腥味，还能使煮出的汤汤色乳白。

黄豆排骨汤 益气养血、增乳

材料 猪排骨500克，黄豆50克，红枣5个，海带30克。

调料 姜片、盐各适量。

做法

1 将猪排骨洗净，剁成块；黄豆、红枣、海带、姜片分别洗净。

2 锅中加适量清水，中火烧开，放入排骨、黄豆、海带、红枣、姜片，用小火煮2小时，加盐调味即可。

○营养师说功效

这道汤富含钙、铁、磷、蛋白质等，具有益气养血、通经络等功效。新妈妈食用，能改善因气血虚弱引起的缺乳、少乳等现象。

红薯粥 补充体力、缓解便秘

材料 红薯100克，大米50克。

做法

1 将红薯洗净，去皮，切块；将大米洗净，浸泡30分钟。

2 将泡好的大米和红薯块放入锅中，加适量清水，大火煮沸后转小火继续熬煮，煮成浓稠的粥即可。

○营养师说功效

新妈妈多食红薯，有益气通乳、润肠通便的功效。

豆芽炒鱼片 防治便秘、增加营养

材料 绿豆芽100克，生鱼片150克，胡萝卜50克。

调料 料酒、淀粉、葱丝、姜丝各5克，盐4克，酱油10克，香油少许。

做法

1 将绿豆芽择洗干净，焯熟，捞出控水；胡萝卜洗净，去皮，切片；将生鱼片洗净，加葱丝、姜丝、酱油、盐腌渍，加淀粉拌匀，静置10分钟。

2 锅内倒油烧热，爆香葱丝、姜丝，烹料酒，放胡萝卜片翻炒至八成熟，加鱼片、绿豆芽炒匀，加盐、香油调味即可。

温馨tips

妈妈最好挑选肉嫩、容易挑出大骨刺的鱼，如鳕鱼等来做。

海鲜炖豆腐 丰胸通乳

材料 鲜虾仁100克，鱼肉50克，嫩豆腐200克，菜心100克。

调料 盐、葱段、姜末各适量。

做法

1 将虾仁、鱼肉洗净，鱼肉片成片；菜心洗净，切段；嫩豆腐洗净，切成小块。

2 锅置火上，放入油烧热，下葱段、姜末爆锅，再下入菜心稍炒，放入虾仁、鱼肉片、豆腐块稍炖一会儿，加入盐调味即可。

○营养师说功效

这道菜富含优质蛋白质、磷、钙、铁、维生素和膳食纤维，有丰胸通乳的功效。新妈妈食用，能缓解脾肾两虚导致的乳汁稀少、疲倦乏力等。

冬笋黄花鱼汤 补虚益气、下乳催奶

材料 冬笋30克，雪菜40克，黄花鱼1条。

调料 葱段、姜片各5克，盐4克，料酒10克，白胡椒粉少许。

做法

1 将黄花鱼去鳞、鳃、内脏，去掉鱼腹部的黑膜，洗净，擦干，加料酒腌渍20分钟；冬笋洗净，切片；雪菜洗净，切碎。

2 锅内倒油烧热，将黄花鱼两面各煎片刻，加清水，放冬笋片、雪菜碎、葱段、姜片大火烧开，转中火煮15分钟，加盐调味，拣去葱段、姜片，撒上白胡椒粉即可。

○营养师说功效

冬笋与黄花鱼做成汤，具有生精养血、补益脏腑、下乳催奶的功效。

红豆粥 补血、催乳

材料 大米50克，红豆30克。

调料 红糖适量。

做法

1 将红豆洗净，浸泡1小时；将大米淘洗干净，浸泡30分钟。

2 锅置火上，加入适量清水煮沸，将红豆放入锅内，煮至六成熟时加入大米，大火煮沸后转小火继续熬煮至黏稠，加红糖搅匀即可。

营养师说功效

红豆富含叶酸，新妈妈可以多吃，具有补血、催乳的功效。

茄汁菠萝茭白 催乳、补虚

材料 茭白150克，菠萝50克，青椒15克。

调料 番茄酱10克，盐1克，蒜片、白糖各3克，水淀粉5克。

做法

1 将菠萝去皮，洗净，切成片，放入盐水中煮熟，捞出。

2 将茭白洗净，去皮，切成厚一点的片；将青椒洗净，切成片。

3 锅内倒油烧热，放入蒜片、青椒片炒香，放入番茄酱、菠萝片、茭白片翻炒几下，放入盐、白糖炒透入味，用水淀粉勾芡即可。

营养师说功效

这道菜能除烦止渴、补虚，帮助新妈妈催乳。

阿胶糯米粥 补血补虚

材料 黑糯米70克，阿胶10克。

调料 白糖少许。

做法

1 将黑糯米淘洗干净，用清水浸泡2小时；阿胶打碎。

2 锅置火上，放入适量清水烧开，下入黑糯米，大火烧开后转小火煮至米粒将熟，加阿胶煮至化开且米粒熟烂成稀粥，加白糖调味即可。

○营养素说功效

这道阿胶糯米粥能补气血、调脾胃、润燥滋阴，对绝大多数产妇的产后康复、身体功能调理、催乳下奶都十分有效。特别是冬天生孩子的产妇，服用效果尤佳。

熘鱼片 排毒、强体

材料 净鲤鱼肉300克，水发木耳20克。

调料 料酒、生抽各10克，葱花、姜丝各5克，白糖、盐各4克，淀粉、水淀粉各适量，香油少许。

做法

1 将鱼肉洗净切片，用淀粉、料酒抓匀；将木耳洗净，撕成小块。

2 锅置火上，倒入清水烧开，下鱼片焯熟后捞出控干；木耳入开水焯一下，捞出备用。

3 锅内倒油，烧至五成热，下葱花、姜丝爆香，倒入鱼片，加生抽、料酒、盐、白糖调味，倒入木耳翻炒均匀后，用水淀粉勾芡，点香油调味即可。

温馨tips

鱼肉很容易熟，倒入鱼片后稍炒即可出锅。

花生桂圆红枣汤 下气通乳、安神

材料 花生米50克，干桂圆25克，红枣10克。

调料 白糖适量。

做法

1 花生米洗净，用温水泡2小时，桂圆去壳洗净，去核；红枣洗净，去核，泡软。

2 锅中放适量清水，加入泡好的花生米、红枣煮30分钟，再加桂圆煮20分钟，关火，加适量白糖调好口味即可。

温馨tips

要想成品口感好，可以小火慢炖。

熘肝尖 补血补铁

材料 猪肝250克，黄瓜100克，水发木耳30克。

调料 水淀粉20克，料酒15克，葱段、酱油、淀粉各10克，姜丝、醋、盐各5克，白糖少许。

做法

1 将猪肝洗净，切片后加淀粉、料酒、盐拌匀，放油锅中滑散盛出；将酱油、醋、盐、白糖、水淀粉调成芡汁；黄瓜洗净，切片。

2 锅内倒油烧热，炒香葱段、姜丝，加入木耳、黄瓜片、猪肝片略炒，调入芡汁，炒匀即可。

温馨tips

单独添加各种调料会延长操作时间，易使猪肝失去软嫩的口感，故应提前准备好芡汁。

第二章

6～12个月，添加辅食要及时

婴儿6个月后，在母乳喂养的基础上，应逐步给婴儿添加辅食，以补充其营养需要，并且使婴儿逐步适应母乳以外的食物，包括不同的食物性状，接受咀嚼和吞咽的训练等。在这个过程中，母乳仍然是主角。

6~12月龄婴儿身高体重走势图

身高和体重等生长发育指标反映了婴儿的营养状况，对6～12月龄婴儿仍应每个月进行定期的测量。

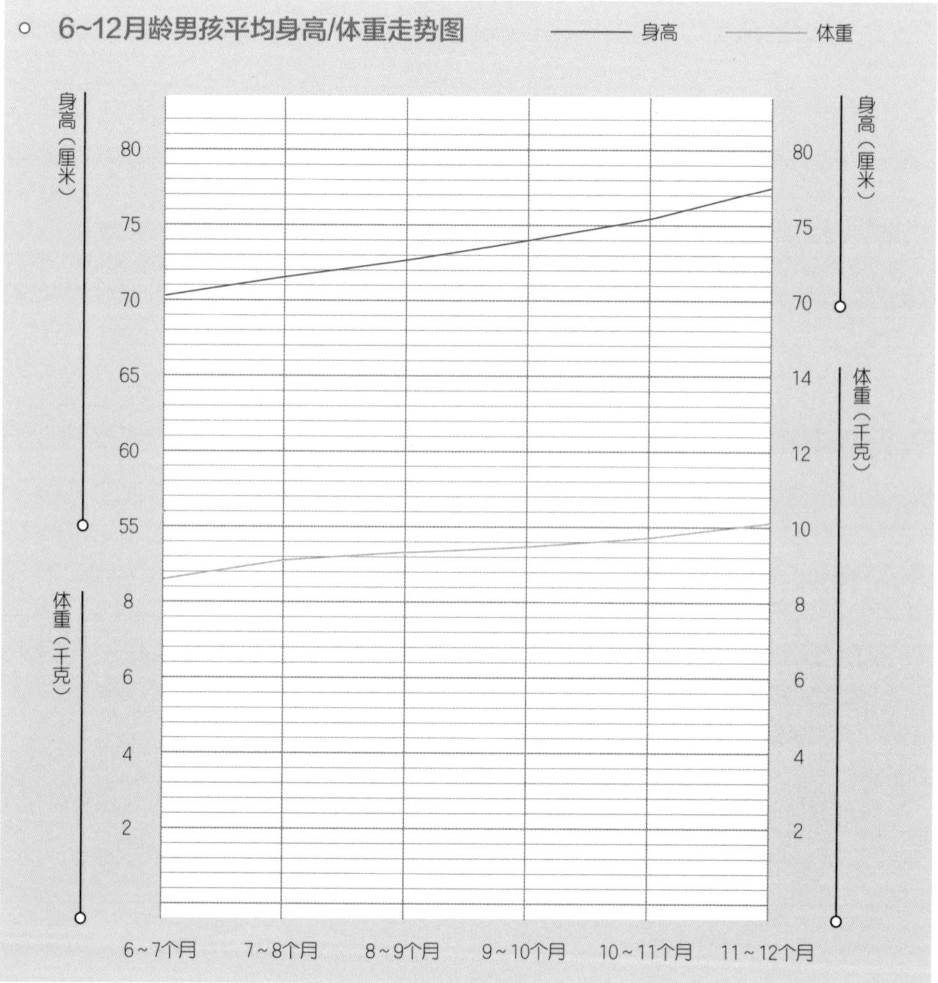

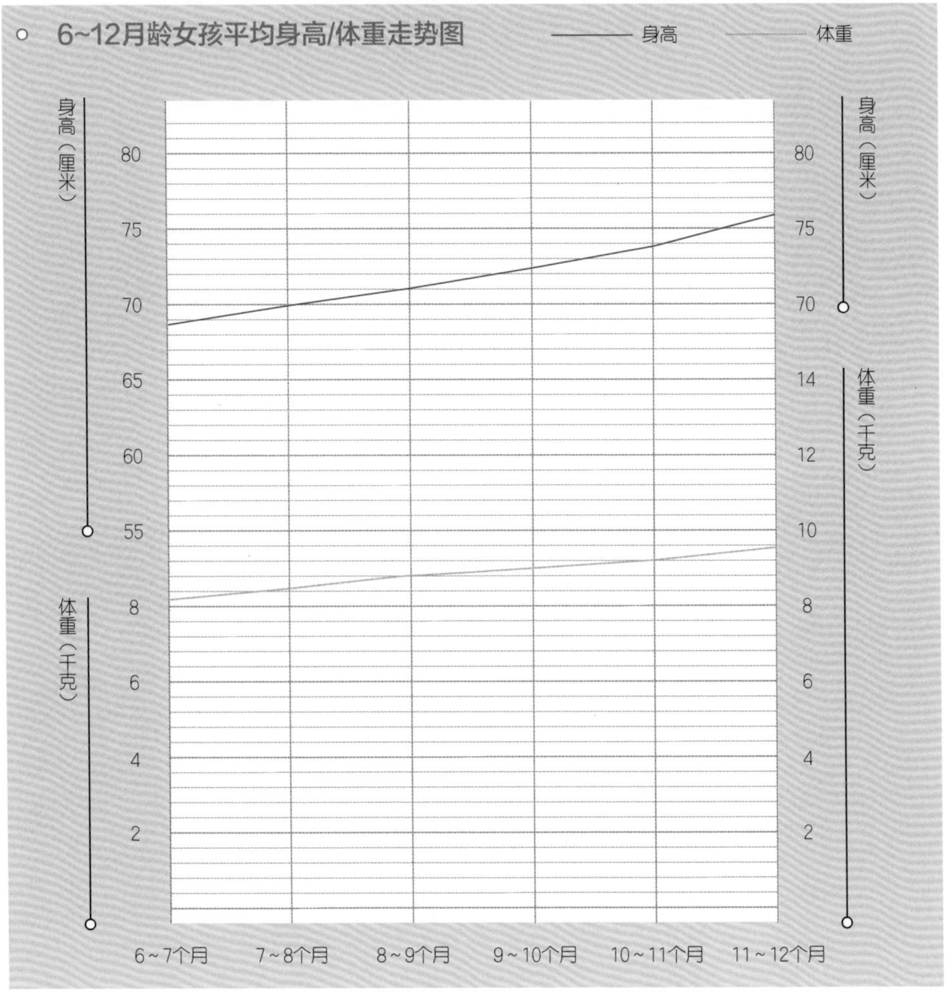

6~12月龄女孩平均身高/体重走势图
身高
体重
身高（厘米）
80
75
70
65
60
55
体重（千克）
14
12
10
8
6
4
2
6～7个月
7～8个月
8～9个月
9～10个月
10～11个月
11～12个月

继续母乳喂养

○ 继续母乳喂养的重要性

对于6～12月龄的婴儿，母乳仍是其理想的天然食物。世界卫生组织提倡6个月后的婴儿开始逐渐添加辅食的同时，应继续母乳喂养到1岁，甚至更长时间。因此，建议6～12月龄的婴儿尽可能继续保持母乳喂养。

○ 如何选择其他乳制品

除了母乳以外，乳制品应是6～12月龄婴儿的重要食物内容。乳制品营养丰富、全面，几乎含有人体需要的所有营养素，除维生素C含量较低外，其他营养素含量都较丰富，在食物性状和食用特点上也最有利于婴儿从母乳到其他食物的过渡。由于普通鲜奶、蛋白粉等的蛋白质和矿物质的含量远高于母乳，会对婴儿的肾脏造成较大负担，故6～12月龄的婴儿禁止直接喂食普通液态奶或蛋白粉，建议首选适合于6～12月龄婴儿的配方奶粉。

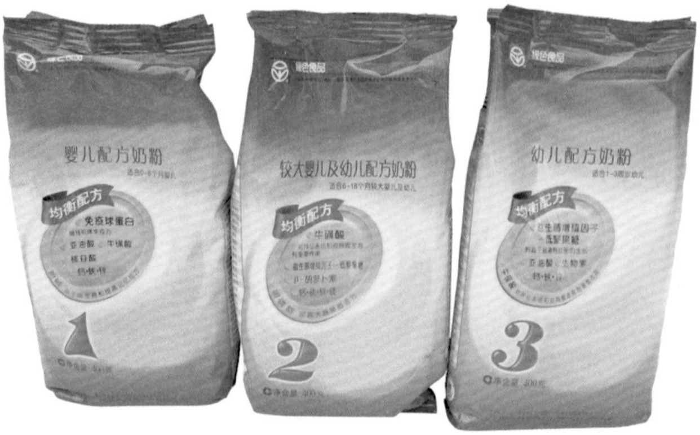

不要直接喂给6～12月龄的宝宝普通液态奶或蛋白粉，要选择婴儿配方奶粉

可以尝试辅食的信号

○6个月开始

孩子出生后的前5个月，肠胃功能未成熟，不适合消化母乳及奶粉以外的食物，容易引起过敏反应。如果出现反复多次的食物过敏，则有可能引起肠胃功能紊乱，甚至是对食物的拒绝。所以，添加辅食最好开始于肠胃功能成熟到一定程度的5个月后。

○孩子的挺舌反应消失时

刚出生的婴儿都有用舌头推掉放进嘴里的除液体以外的食物的反射习惯，这是一种防止误食、误吸等造成呼吸困难的保护性动作。挺舌反射一般消失于开始挺脖子的6个月前后，把勺子放进孩子口中，孩子没有用舌推掉，就可以喂辅食了。

○孩子开始对食物感兴趣

随着消化酶的活跃，6个月的孩子消化功能逐渐发达，唾液的分泌量会不断增加。这个时期的孩子会突然对食物感兴趣，看到大人吃东西时，自己也张嘴或朝着食物倾斜上身，这时家长就可以开始准备给孩子添加辅食了。

○孩子能挺直头和脖子时

最初的辅食一般是糊状的，如果孩子还不能挺起头和脖子，此时喂食很容易堵住食道或引起吞咽困难，只有当孩子可以自己直起头颈时，才是添加辅食的恰当时机。

如何添加辅食

○添加辅食的重要性

添加辅食可以补充母乳中营养素的不足；可以促进婴儿牙齿的发育，训练婴儿的咀嚼吞咽能力，增强婴儿的消化功能；可以促进婴儿神经系统的发育，刺激味觉、嗅觉、触觉和视觉；添加辅食是养成良好饮食习惯的基础；通过添加辅食，使婴儿学会用匙、杯、碗等食具，最后停止母乳和奶瓶吸吮的摄食方式，逐渐适应普通的混合食物，最终达到断奶的目的。

○添加辅食要循序渐进

因婴儿的生长发育以及对食物的适应性和爱好都存在一定的个体差异，辅食添加的时间、数量以及快慢等都要根据婴儿的实际情况灵活掌握，遵照循序渐进的原则。

1 从一种到多种：开始添加的食物应遵循从一种到多种的原则，要一种一种地逐一添加，当婴儿适应一种食物后再开始添加另一种新食物。

2 由少量到多量：添加辅食的量要根据婴儿的营养需要和消化道的成熟程度，开始添加的辅食可每天1次，以后逐渐增加次数和数量，并逐步减少母乳喂哺次数，逐渐达到停止母乳喂养的目的。

3 从稀到稠、从细到粗：给予的食物应逐渐从稀到稠，从流质开始，逐渐过渡到半流质，再到软食，最后是固体食物，例如，从米汤、烂粥、稀粥，最后到软饭。给予食物的性状应从细到粗，例如，从先喂菜汤开始，逐渐试喂细菜泥、粗菜泥、碎菜和煮烂的蔬菜。

4 注意观察婴儿的消化能力：添加一种新的食物，婴儿如有呕吐、腹泻等消化不良反应时，可暂缓添加，待症状消失后再从小量开始添加。如婴儿患病时，可根据当时情况暂停添加新的辅食。

5 不要强迫进食：当婴儿不愿意吃某种新食物时，切勿强迫，可改变方式。例如，可在婴儿口渴时给予新的菜汁或果汁，在婴儿饥饿时给予新的食物等。

6 单独制作：婴儿的辅食要单独制作，应不用盐等调味品。添加的食物应新鲜，制作过程要卫生，防止婴儿食入不干净的食物而导致疾病。喂给婴儿的食物最好现做，不要喂剩存的食物。

不要祸害孩子的味蕾

· 我国成人居民高血压的高发与食盐的高摄入量有关，要控制和降低成人的盐摄入量，必须从儿童时期开始，而且控制越早收到的效果就越好。婴儿的味觉正处于发育过程中，对外来调味品的刺激比较敏感，加调味品容易造成婴儿挑食或厌食。

“用膳”专用工具，让宝宝吃得香香的

○宝宝专用匙

选婴幼儿专用匙，不锈钢和塑料材质的都可以，要求匙入口部分短、圆且光滑，比较安全。

○保温餐盘

盘子是空心设计，盘边有可打开的入水口，将温水装入后盛装宝宝的食物，靠水的温度来保持食物的温度。

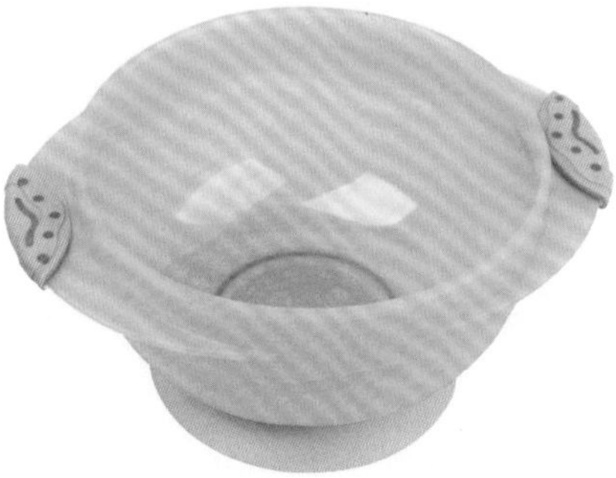

○带盖吸盘碗

将碗牢牢吸在桌面上，克服了自己吃饭的宝宝容易将碗内的食物倾倒的难题。

○卡通趣味筷子

拿在手上不易脱落，且能吸引宝宝的注意力。

宝宝所吃辅食大小按月查

想要让宝宝更聪明、更健康，就要根据其在不同阶段的特点，给宝宝最需要的营养和呵护。随着宝宝成长和咀嚼能力的增强，食物形状和性状要有所变化，从开始的细末到碎粒再到小块，逐渐适应宝宝口腔变化和牙齿生长的需要。

大米

◦4个月开始添加

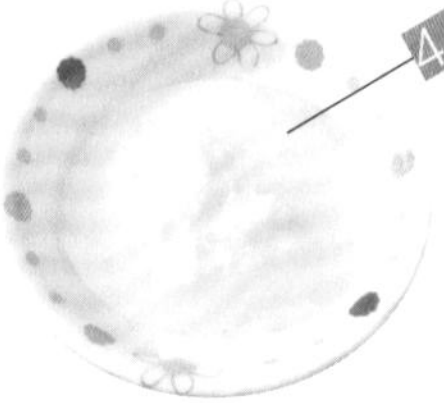

4~6个月

磨好的米粉与水的比例为1∶8或1∶10，粥的黏稠度可参考酸奶。

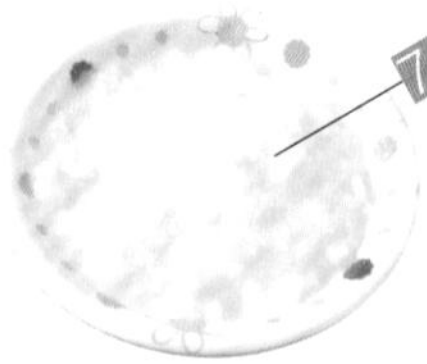

7~9个月

从米粉与水的比例为1∶5过渡到沙拉酱的黏稠度。

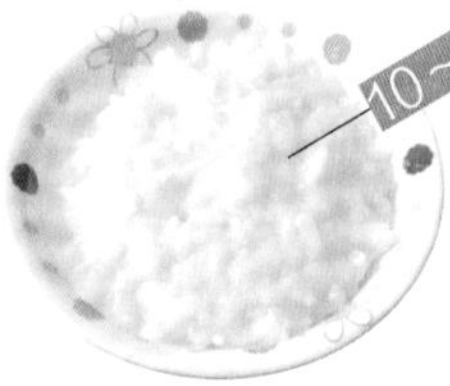

10~12个月

呈饭粒形态，用手容易压碎，大致为稀饭的黏稠度。

1~2岁

比成人饭多一点水分的稀饭黏稠度。

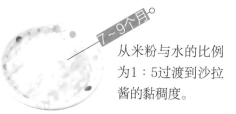

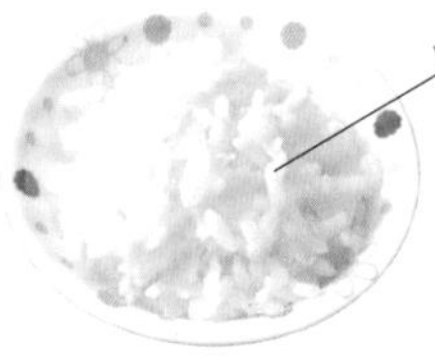

2~3岁

和成人吃一样的饭。

营养专家提醒

纯母乳喂养最好6个月开始添加辅食，纯奶粉喂养从满4个月开始添加辅食。一般所指的辅食添加时间开始于4~6个月。根据宝宝个体实际情况灵活掌握辅食添加的时机。

土豆

○4个月开始添加

4~6个月

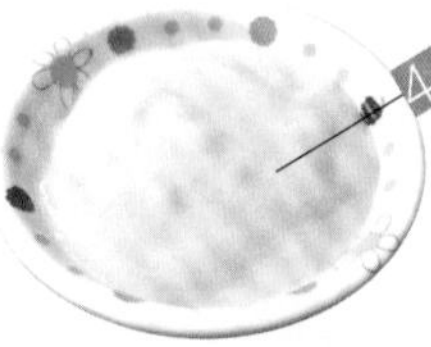

将土豆煮熟后碾压成泥。

7~9个月

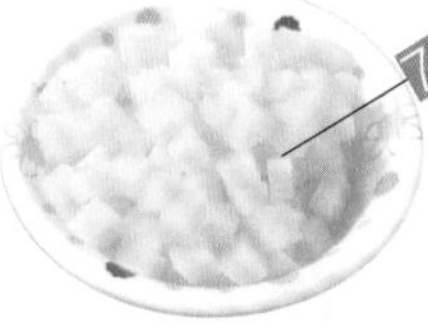

将土豆煮熟后切碎。

10~12个月

将土豆煮熟后切成5毫米大小的粒。

1~2岁

将土豆煮熟后切成7毫米大小的块。

2~3岁

将土豆煮熟后切小块。

鸡蛋（蛋黄）

○4个月开始添加

4~6个月

取1/4熟蛋黄压碎成粉末状，适应后再逐渐添加。

7~12个月

将熟蛋黄压碎，量逐渐增加，颗粒逐渐增大，满12个月可食用一个蛋黄。

1~2岁

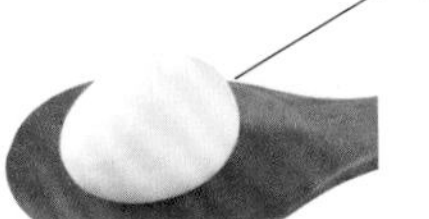

蛋清和蛋黄同时喂，可煮熟，也可做成鸡蛋羹，宜变换花样给宝宝食用。

2~3岁

每天应吃1个完整的鸡蛋。

西蓝花

◦5个月开始添加

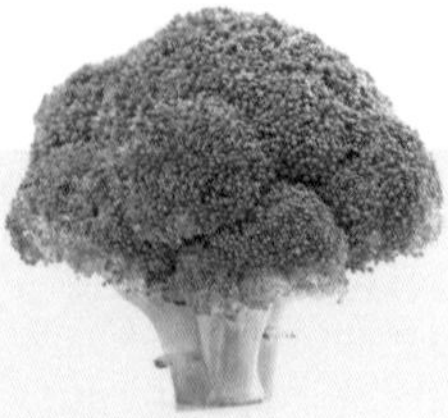

5~6个月

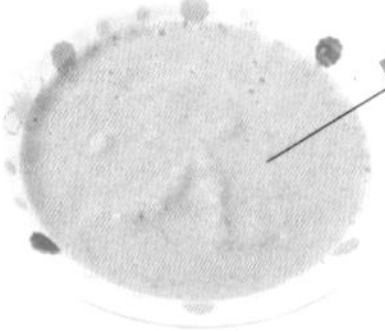

用搅拌机磨碎后放入粥里煮熟。

7~9个月

除去硬茎，将花冠部分煮熟后切碎。

10~12个月

切去硬茎，将花冠部分煮熟后切成 5 毫米大小的粒。

1~2岁

切去硬茎，将花冠部分煮熟后切成7毫米大小的块。

2~3岁

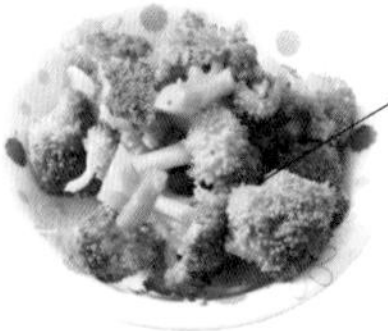

切去硬茎，将花冠部分煮熟后切成小块。

苹 果

◦5个月开始添加

5~6个月

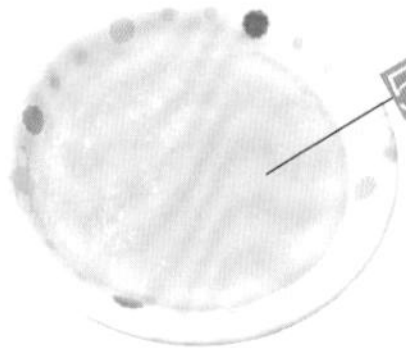

将苹果煮熟后碾压成泥，用滤网过滤。

7~9个月

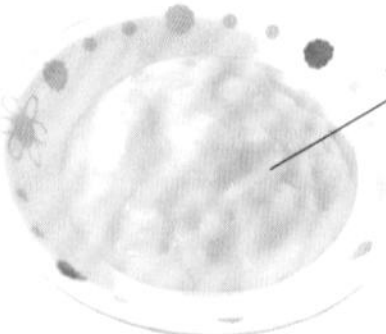

将苹果煮熟后碾压成泥。

10~12个月

切成5~7毫米大小的丁。

1~2岁

切成小块。

2~3岁

让宝宝自己拿着吃。

菠菜

◦5个月开始添加

5~6个月

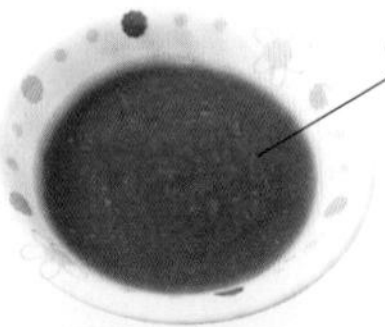

煮熟后将叶压碎过滤，饮菜汁。

7~9个月

煮熟后将叶切碎。

10~12个月

煮熟后将叶切成5~7毫米大小的粒。

1~2岁

煮熟后切成小段。

2~3岁

煮熟后切成段。

胡萝卜

◦5个月开始添加

5~6个月

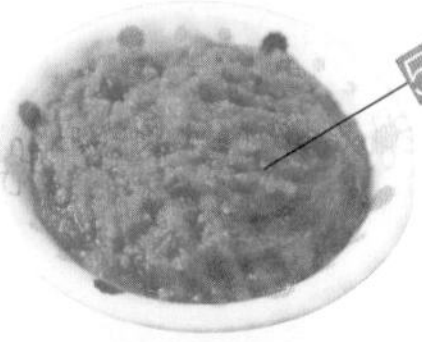

煮熟后碾压成泥。

7~9个月

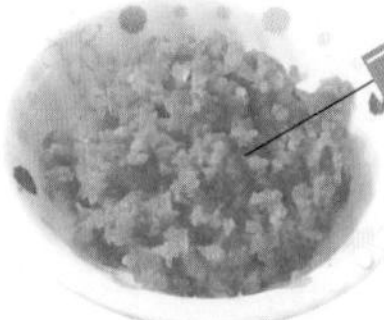

煮熟后切成颗粒状。

10~12个月

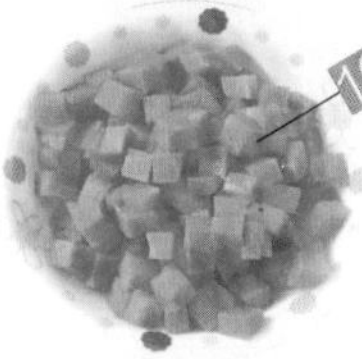

切成5毫米大小的碎块后煮熟。

1~2岁

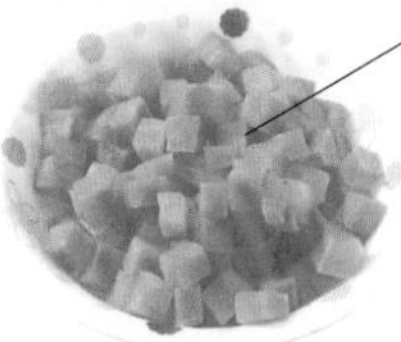

切成7毫米大小的丁后煮熟。

2~3岁

切小块后煮熟。

让宝宝逐渐爱上吃饭

在辅食添加的过程中，喂饭是必不可少的环节。它的目的不仅仅是让宝宝吃到食物，还要培养宝宝对食物的兴趣，帮宝宝养成良好的饮食习惯。在这个环节中，父母和宝宝都要付出努力，父母要掌握正确的喂饭方法，才能激发宝宝对吃饭的兴趣。

○4～6个月　在轻松愉快的氛围里喂饭

喂饭的姿势：妈妈横抱宝宝，把食物送进宝宝的嘴里。这是宝宝第一次体验吃母乳或配方奶之外的食物，如果直接让他自己坐在椅子上等待被喂饭，他可能会感到不安，而被妈妈横向抱着，有点像吃奶时的姿势，可以减少宝宝对“吃饭”的恐惧。

这样尝试3～4周后，等宝宝能坐稳了，就可以让他坐在餐椅里喂饭了，不过，要把餐椅的活动靠背稍微放倒一点，对宝宝来说，这种吃饭姿势是最舒服的。

喂饭的方法：妈妈拿着勺子直接递到宝宝的嘴里，让宝宝看到食物。等宝宝慢慢习惯后，妈妈尝试把勺子放在宝宝的下嘴唇上，让宝宝自己把食物吃进去，然后再拔出勺子。

结束这顿饭的时机：如果宝宝不愿意吃了或者开始哭闹了，妈妈就可以停止喂饭。这个阶段只是辅食添加的初期，只是让宝宝练习吃，所以不需要特别在意辅食的量。妈妈千万不要着急，更不要勉强，要让宝宝慢慢体会吃辅食是很愉快的。

○7～9个月　锻炼宝宝吃饭的技巧

喂饭的姿势：把餐椅的靠背立起来，让宝宝坐在餐椅里，系上安全带，妈妈和宝宝面对面坐下，给宝宝喂饭。如果宝宝在吃饭过程中身体下滑了，妈妈要及时调整他的坐姿。

喂饭的方法：妈妈在喂饭前，最好先把勺子放在宝宝的下嘴唇上，确认他的嘴是否在勺子的刺激下真的动起来，然后再喂。

从这个阶段开始，妈妈要给宝宝增加一些喂饭的语言刺激，可以一边笑着和宝宝说话一边喂饭，比如“来，张大嘴，啊——”或“好吃吗？”等。

让宝宝多观摩大人吃饭的样子，或者妈妈喂宝宝吃饭时，自己也一起吃，让宝宝看到妈妈是如何咀嚼、吞咽的。同时也能让他体会大家一起吃饭的乐趣。

结束这顿饭的时机：如果宝宝在吃饭过程中注意力开始不集中了，或者勺子到了嘴边也不张嘴了，就表明他不想再吃了。妈妈要学会发现这些信号，并及时结束这顿饭。通常，这个阶段的宝宝每顿饭吃10～15分钟就差不多了。

○ 10～12个月　让宝宝体验用手抓着吃

喂饭的姿势：宝宝坐在餐椅里，妈妈要尽量让他在吃饭时保持一种不容易倒或者下滑的姿势，可以调节餐椅上脚蹬的高度或者在宝宝后背和椅子靠背之间放上靠垫。此外，还要保证宝宝能够自由地伸手够到食物。

喂饭的方法：和之前一样，妈妈把勺子放在宝宝的下嘴唇上，让宝宝自己吃进食物。勺子可以选择较大点的。妈妈还要让宝宝多体验用手抓食物吃的乐趣。

结束这顿饭的时机：此时，一顿饭的时间最好控制在20～30分钟。有时宝宝会边吃边玩，妈妈可以观察一会儿，如果宝宝还想吃，就再喂他一些。实际上，宝宝开始玩食物也是向独立饮食发展的重要过程。这个阶段的宝宝出现了饮食上的好恶，这是很正常的，所以即使宝宝剩饭了，妈妈也不要强迫宝宝吃完。

宝宝餐可以做得可爱一点，这样宝宝会更有食欲

断奶前妈妈的准备

断奶是妈妈与宝宝之间的一场温柔的战役，想要取得最后的胜利，妈妈就要做好充分的准备。如果你正在考虑断奶，应该从以下这些方面做好准备。

应对涨奶

断奶开始后，妈妈面临的第一个问题就是涨奶，如果不细心护理，可能会出现乳房充血，甚至会引发乳腺炎。放慢断奶的速度，逐渐减少喂奶次数，对宝宝和妈妈来说都是有好处的。

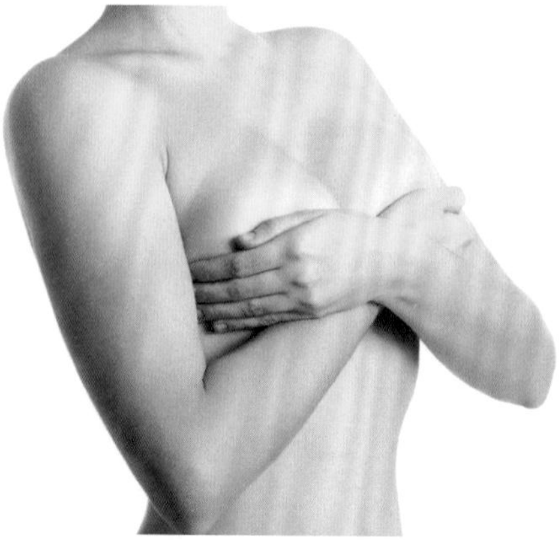

断奶开始后，妈妈要正确应对涨奶，以防引发乳腺炎

应对回奶

一般而言，哺乳时间长达10个月至1年的，可以使用自然回奶方法；而因各种疾病或特殊原因，哺乳时间尚不足10个月的妈妈可采用人工回奶方法。

自然回奶

减少宝宝吸吮母乳的次数和数量，比如原来一天要喂宝宝8次母乳，可逐渐减为6次、4次，其余的以配方奶代替。这样乳汁分泌量自然就会日益减少。在饮食上，妈妈要少吃蛋白质含量丰富的食物，吃饭时少喝汤。

中药回奶

1.炒麦芽100克，用水煎服，每日1次。

2.花椒12克，加水400毫升，煎成250毫升，加入红糖30克，每日1剂，连服2剂。

3.陈皮24克、甘草6克，水煎，连服多天。

打回奶针

· 回奶针是通过注射大量雌激素抑制泌乳素释放而减少乳汁分泌。医生建议，是否适合打回奶针要根据妈妈的乳汁分泌情况以及喂养时间长短来综合衡量。对于乳汁分泌比较旺盛的妈妈，以及纯母乳喂养在6个月左右的妈妈，不建议打回奶针。而且回奶针一般要配合中药芒硝外敷。打了回奶针后，即使涨奶严重，也不能挤奶，更不能喂给宝宝。如果打算通过打回奶针回奶，一定要去正规医院咨询相关医生，根据个人情况决定回奶对策。

○ 做好心理准备

减少失落感

妈妈从第一天给宝宝喂奶时就应这样想：有一天宝宝不需要我了，是因为他很健康，迈向了一个新的成长阶段。

给宝宝更多安慰

对宝宝来说，断奶可能意味着要离开妈妈的怀抱，会产生不安全感。所以，在断奶准备期，妈妈要学会在宝宝伤心时用其喜欢的方法安慰他，比如带他做一些游戏，或者给他一个慰藉玩具。

提前模拟

也可以让其他看护者提前模拟断奶后的喂奶方式，比如将母乳吸出来，让爸爸用奶瓶喂宝宝吃奶。

切忌反复断奶

决定了断奶一定要狠下心来，千万不能因为心疼孩子，断了又吃，再断几天再吃，这样反复无常，会增加断奶难度。

断奶前，妈妈一定要做好心理准备，减少自己失落感的同时，要给宝宝更多的安慰

妈妈经验分享

· 转移宝宝情感重心

我每天把宝宝送到婆婆家，增加她和奶奶之间的感情。很快，宝宝和奶奶在一起时，既不找我，也不找奶吃了。

· 自然断奶更轻松

断奶时，我中午不回家，让女儿改喝奶粉，这样就减了中午的那顿；5天后，我断了女儿晚上10点的那顿奶。女儿变成一天2顿母乳，这种情况维持了一周，我的奶水明显减少。然后我开始断女儿早晨的奶，等断最后1顿母乳时，我的奶已经很少了，几乎没有经历断奶的痛苦。

断奶前宝宝的准备

断奶是一场考验，尤其是对于已经习惯了母乳的宝宝来说，能否顺利度过断奶的这段时间，断奶前的准备更是不容忽视。

要保持最佳身体状况

要选择宝宝身体状况良好时断奶，否则会影响宝宝的健康。因为断母乳，改吃配方奶后，宝宝的消化功能需要一个适应过程，此时宝宝的抵抗力有可能略有下降，因此断奶要考虑宝宝的身体状况。若恰逢宝宝生病、出牙，或是换保姆、搬家、旅行及妈妈要去上班等情况，最好不要断奶，否则会增大断奶的难度。至少要等到2～3周后再考虑断奶。给宝宝断奶前，最好带他去医院做一次全面体检，宝宝身体状况好、消化功能正常才可以断奶。

断奶前要好好添加辅食

有些宝宝断奶时明显抗拒母乳以外的任何食物，若要避免这种情况，在宝宝断奶前一定要好好添加辅食。这不仅是为了让宝宝吸收足够的营养，更重要的是培养他对食物的兴趣。让他在离开母乳后，也能找到其他心爱的食物。所以，在断奶前，要按照宝宝添加辅食的进程为他安排恰当的食物，让辅食添加顺利进行。另外，在吃饭时，最好让宝宝与大人同桌，让宝宝看到大人吃，以便他对食物产生兴趣，也使他萌生自己想要吃的念头。

给宝宝断奶前，可以准备一套可爱的餐具。可爱的餐具不但能吸引宝宝的注意力，还可大大刺激宝宝想吃餐具里面食物的欲望

○学会用奶瓶或杯子喝奶

断奶前的准备要从练习用勺子进食开始，连续一周试着用勺子给宝宝喂一些果汁、汤等。接下来就是训练他用奶瓶或杯子喝奶。宝宝可能会抗拒，这时千万不能强迫他，更不要想在短时间内改变他，而是要制定一套计划，诱导他使用这些器具。

喂宝宝喝他喜欢的东西时，将它们装在水杯或碗里面，比如香甜的果汁、母乳等，让宝宝看见水杯或碗就能产生快乐的联想，这样，宝宝对水杯的好感会逐渐建立起来，再用水杯喂他喝东西，他就不会抗拒了。

○生活习惯要有所调整

如果宝宝有奶睡的习惯，在断奶前要让他逐渐改掉这个习惯。可以把喂奶的时间提前，不要等到宝宝快睡的时候再喂奶，比如在洗澡前先喂奶，或者喂奶后让宝宝玩一会儿再睡。另外，哄宝宝睡觉的任务可以让爸爸来接替，让宝宝习惯睡觉时没有妈妈乳房的慰藉。

○减少宝宝的无聊时间

宝宝在无聊的时候，会特别依赖母乳或吸吮。应增加与宝宝游戏的时间，转移他的注意力，宝宝对游戏的兴趣足以让他忘记母乳。

断奶的时间准备

· 断奶的最好季节是何时?

断奶时间要视宝宝的具体情况而定，相对来说，天气凉爽的时候，断奶比较合适。

· 宝宝多大时断奶最合适?

孩子断奶以8~12个月时为宜。过早，孩子消化功能尚不健全，不能从普通膳食中获取全面营养。若太迟，母乳中蛋白质、矿物质含量明显减少，已不能满足孩子生长发育的需要。在孩子牙齿长出后，需要一些有形的食物满足牙齿的咀嚼功能，此时摄入辅食是非常恰当的。

· 断奶需要多长时间?

断奶是一场持久战，只有很少一部分宝宝在短期内速战速决。有很多妈妈抱怨“都好几个月了，奶还是没断了”，请记住，你并不是特例，大多数人都这样。

专题 6个月~3岁宝宝外带辅食全攻略

一般宝宝6个月左右就可以添加辅食了。辅食在家中食用当然不成问题，但一旦外出，餐厅食物通常不适合1岁以下的宝宝食用，所以外出时，爸爸妈妈们要为宝宝准备一些简单辅食。

到邻近的地方

外出购物

爸爸妈妈可以带上直接可食的瓶装婴儿食品，比如瓶装的果泥、菜泥、肉泥等就能轻松度过辅食时间。随着宝宝月龄逐渐增加，带宝宝外出就餐时，可从菜中挑出豆腐、面条、米饭和口味较清淡的蔬菜，捣碎成方便食用的大小，再让宝宝吃。另外，随身携带强化铁的婴儿饼干或香蕉等一些可立即给宝宝吃的食品。

到附近的亲友家

如果路程在1小时之内，可将自制的辅食装在便当盒或保温罐里。另一个方法是带着事先准备好的食物，到亲友家再加热或简单地烹调一下。如果是炎热的夏天，食物较易腐坏，最好借用亲友家的厨房现场制作，或是使用市售的婴儿食品，这样会比较安全卫生。

到有孩子的朋友家

爸爸妈妈可以将自制的辅食装入便当盒里，不用保温餐盒也可以，因为到朋友家可以借用朋友的厨房将便当盒里的辅食加热一下。另外，还可以带些直接可以食用的瓶装婴儿食品，这样不但能在会友的同时省去烹调时间，还能让宝宝吃的食物种类多一些，营养更均衡。还可以带些香蕉等能立即吃的水果，在宝宝哭闹时可以派上用场，也方便分给朋友的孩子吃。

到没有孩子的朋友家

爸爸妈妈可以把自己在家做好的辅食装进保温餐盒中，宝宝饿了可以直接拿来就喂。家中没有孩子的朋友通常育儿经验不足，如果又要照顾宝宝，又要现给宝宝做辅食会让人手忙脚乱。另外，可以带些婴儿饼干，宝宝哭闹时可安慰他。

香蕉软糯、香甜，是水果中最不易引起过敏的食物，并且携带方便，可以作为宝宝的外带水果

○出远门

当天来回的旅游

可自制些粥或菜泥、果泥等辅食放入保鲜盒或保温罐中带着。也可以带些市售的小袋装婴儿米粉，每包25~30克，刚好够宝宝一顿食量，许多超市或火车站候车处等地方，都提供热水，用热水一冲就能给宝宝喂食了。

国内旅游

国内的旅馆和酒店很少会准备婴儿食品，爸爸妈妈可以从大人的饭菜中挑出面条、鸡蛋、软嫩的蔬菜等作为宝宝的辅食，不足的部分可以用开盖即食的瓶装婴儿食品来补充，或食用一些用开水冲泡即食的婴儿食品，都是不错的选择。如果住在农家院这种地方，可以借助农家菜园里的新鲜食材给宝宝现做辅食吃。

国外旅游

虽然不同的航空公司都会为婴儿准备不同品牌的婴儿食品，但为了防止宝宝的胃肠不适应，最好准备一些宝宝常吃的国产市售断奶食品。对于稍大一些的宝宝，如果是从大人的饭菜中分一些给宝宝吃，一定要选口味清淡的食物，并用勺背碾得细碎些再喂给宝宝食用。

○宝宝外出常用辅食盛具

辅食盛具	可盛装的辅食
奶瓶或水杯	果汁、菜汁
奶粉分装盒	米粉、麦粉、菜泥、果泥、肉泥、肉松
食物保鲜袋	米粉、麦粉、水果、鸡蛋、磨牙饼干
食物保鲜膜	水果、鸡蛋
保温瓶	粥
小奶粉罐	米粉、麦粉、磨牙饼干

外带辅食的注意事项

1. 不要给宝宝吃从来没有吃过的食物，如果宝宝对这种食物过敏，出门在外会比较麻烦。

2. 不要给宝宝吃膨化食品及容易腹胀的食物，会让宝宝口干、腹部不适。

3. 不要给宝宝吃容易发生喂食危险的食品，比如果冻、小颗的坚果等，误食容易发生窒息。如果发生意外，就医不及时会很危险。

4. 不要因为怕宝宝没有像在家一样吃饭而给宝宝吃太多，更不要吃得太杂乱，这样容易引起宝宝消化不良。

5. 如果外出时间过长，在喂宝宝吃辅食前，爸爸妈妈要先尝一下食物是否还新鲜，不新鲜的食物一定不要给宝宝吃。

营养辅食推荐

南瓜汁 健脾、明目

材料 南瓜100克。

做法

1 将南瓜去皮、瓤，切成小丁，蒸熟，然后将蒸熟的南瓜用勺压烂成泥。

2 在南瓜泥中加入适量开水稀释调匀后，放在干净的细漏勺上过滤一下，取汁食用即可。

温馨tips

南瓜一定要蒸熟烂。也可以在南瓜汁中加入婴儿米粉喂宝宝。

小白菜汁 清热解烦、利尿解毒

材料 小白菜250克。

做法

1 将小白菜洗净，切段，放入沸水中焯烫至九成熟。

2 将小白菜放入榨汁机中加纯净水榨汁，过滤后即可。

营养师说功效

小白菜中含有叶酸等多种营养素，1岁之前的宝宝可以多接触、尝试几种蔬菜，能防止其日后挑食。

注：若宝宝满4个月便开始添加辅食，推荐的辅食中也可选择适合宝宝的辅食进行尝试喂食。

豆腐软饭 促进大脑发育

材料 大米40克，豆腐20克，菠菜15克。

调料 排骨汤适量。

做法

1 将大米洗净，放入碗中，加适量水，放入蒸屉蒸成软饭。

2 将豆腐洗净，放入开水中焯烫一下，捞出控水后切成碎末；菠菜洗净，焯烫，捞出切碎。

3 将软饭放入锅中，加适量过滤去渣的排骨汤一起煮烂，放入豆腐末，再煮3分钟左右，起锅时，放入菠菜碎拌匀即可。

○营养师说功效

豆腐中含有较多的大豆卵磷脂，能促进孩子大脑发育。

糯米糊 健脾养胃、止虚汗

材料 大米60克，糯米30克。

做法

1 将大米、糯米淘洗干净，用清水浸泡2小时。

2 将大米、糯米倒入全自动豆浆机中，加水至上下水位线之间，按“米糊”按钮，煮至豆浆机提示米糊做好即可。

○温馨tips

患有呼吸道疾病的宝宝应尽量避免吃糯米食品，以防加重病情。

芋头玉米泥 促进视神经发育

材料 芋头50克，玉米粒50克。

做法

1 将芋头去皮，洗净，切成块状，放水中煮熟。

2 将玉米粒洗净，煮熟，然后放入搅拌器中搅拌成玉米浆。

3 用勺子背面将熟芋头丁压成泥状，倒入玉米浆，搅拌均匀即可。

○营养师说功效

玉米中富含叶黄素，能促进孩子视神经发育。

玉米米糊 清热解毒、健脾胃、补血养肝

材料 大米40克，鲜玉米粒30克，绿豆20克，红枣5个。

做法

1 将绿豆淘洗干净，用清水浸泡4～6小时；将大米淘洗干净；将红枣洗净，去核，切碎；将鲜玉米粒洗净。

2 将大米、绿豆、鲜玉米粒和红枣碎倒入全自动豆浆机中，加水至上下水位线之间，按“米糊”按钮，煮至豆浆机提示米糊做好即可。

○温馨tips

绿豆性凉，最好不要给怕冷的宝宝吃绿豆，以免体质更加寒凉。

什锦烩软饭 明目、强筋健骨

材料 牛肉20克，胡萝卜半根，土豆、洋葱各半个，大米40克，熟鸡蛋黄1个。

调料 牛肉汤少许。

做法

1 将牛肉冲洗干净，切碎；将胡萝卜、土豆洗干净，去皮，切碎；将熟蛋黄捣碎。

2 将大米、牛肉碎、胡萝卜碎、土豆碎、洋葱碎、牛肉汤放入电饭锅焖熟后，加蛋黄碎搅拌即可。

营养师说功效

烩饭中有牛肉和各种蔬菜，含蛋白质、碳水化合物、膳食纤维，还含有对孩子眼睛有益的胡萝卜素，具有强身、明目的功效。

蛋黄泥 促进神经系统发育

材料 鸡蛋1个。

做法

1 将鸡蛋放入锅中煮熟。

2 剥开鸡蛋，取蛋黄，再加适量温开水调匀成泥状即可。

○温馨tips

煮鸡蛋时要把握好时间（凉水下锅，水开了再煮3~5分钟），以免蛋黄表面发灰。嫩蛋黄最易于孩子消化吸收。

苹果汁 助消化、润肠道

材料 苹果1/2个。

做法

1 选用熟透的苹果，洗净，切成两半。

2 将苹果皮和核去掉。

3 将苹果切成小块。

4 将苹果块放在榨汁机中榨成汁即可。

○营养师说功效

苹果汁口感清香，能够促进宝宝的食欲。

蛋黄土豆泥 促进大脑发育、增强免疫力

材料 熟蛋黄1个，土豆1个。

做法

1 将熟蛋黄压成泥；将土豆煮熟去皮，压成泥。

2 锅中放入土豆泥、蛋黄泥和温水，放火上稍煮开，搅拌均匀即可。

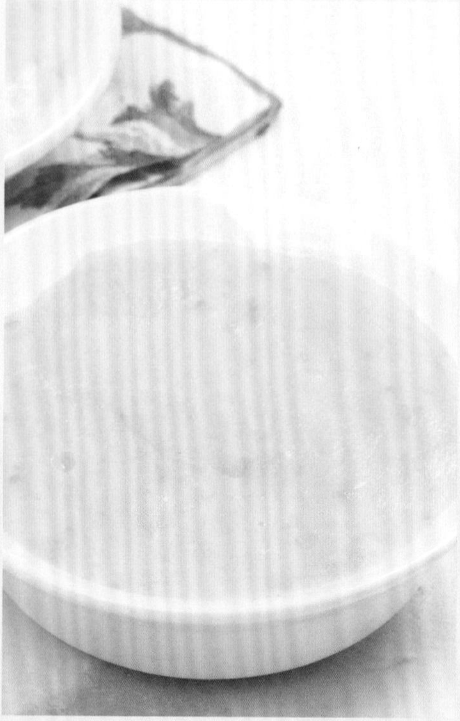

营养师说功效

蛋黄含有丰富的铁、卵磷脂、蛋白质等营养素，容易被宝宝消化吸收；土豆含有钾、维生素、膳食纤维等。两者同食可促进宝宝大脑发育，增强免疫力。

菠菜鸡肝泥 明目、预防缺铁性贫血

材料 菠菜30克，鸡肝20克。

做法

1 将鸡肝清洗干净，去膜、去筋，剁碎成泥状。

2 将菠菜洗净后，放入沸水中焯烫至八成熟，捞出，凉凉，切碎，剁成蓉状，将鸡肝泥和菠菜蓉混合搅拌均匀，放入蒸锅中大火蒸5分钟即可。

营养师说功效

鸡肝中含铁质、维生素A较多，能预防婴儿缺铁性贫血，促进宝宝的视力发育。

蔬菜排骨汤面 润肠助消化

材料 番茄1个，菠菜2棵，豆腐50克，超细面条15根。

调料 排骨汤少许。

做法

1 将番茄洗净，用开水烫一下，去皮切碎。

2 将菠菜洗净，焯水，取菠菜叶切碎；将豆腐洗净，切碎。

3 将排骨汤放入锅中煮沸，倒入番茄碎和豆腐碎，待汤略沸时加入面条，煮至面条熟软，放入菠菜碎略煮即可。

○营养师说功效

菠菜和番茄中含有丰富的膳食纤维、叶酸、维生素C，具有补铁润肠的双重功效。

鸡蛋稠粥 预防软骨病、健脾养胃

材料 鸡蛋1个，大米50克。

做法

1 将大米淘洗干净，加适量水大火煮开，转小火继续熬煮。

2 将鸡蛋磕开，取蛋黄，打散备用。

3 在米粥熬到水少粥稠时，倒入蛋液，搅拌均匀即可。

○温馨tips

可以在粥中加点婴儿配方奶粉，能增加营养和口味。

三角面片汤 利小便、除肺燥

材料 小馄饨皮4个，青菜2棵。

做法

1 将小馄饨皮用刀拦腰切成两半后，再切一刀，呈小三角状。

2 将青菜洗净，切碎末。

3 锅中放水煮开，放入三角面片，煮开后放入青菜碎，煮至沸腾即可。

○温馨tips

将面片切成小三角状，多给食材变换花样，能促进宝宝的食欲。

炖鱼泥 促进生长发育

材料 鱼肉50克，白萝卜30克。

调料 水淀粉少许。

做法

1 锅中加水，再放入鱼肉煮熟。

2 白萝卜洗净，去皮，剁成泥。

3 把煮熟的鱼肉取出，压成泥状，再放入锅中，加入萝卜泥大火煮开，用水淀粉勾芡即可。

○温馨tips

炖鱼泥可以用各种各样的鱼肉来做，但是一定要把鱼刺挑干净。也可以将鱼泥拌进饭里，以利于宝宝大脑发育，增加宝宝的食欲。

苹果金团 补充多种营养素

材料 苹果、红薯各25克。

做法

1 将红薯洗净，去皮，切碎后煮软。

2 苹果去皮除核，切碎，煮软。

3 把苹果碎和红薯碎混拌均匀即可。

○营养师说功效

苹果中的膳食纤维能促进宝宝生长及发育；红薯含丰富的淀粉、膳食纤维、胡萝卜素等，是公认的健康食材。这款苹果金团非常适合宝宝食用。

燕麦南瓜粥 健胃、明目

材料 南瓜50克，燕麦30克，大米50克。

做法

1 将南瓜洗净，削皮，切成小块；将大米洗净，用清水浸泡半小时。

2 锅置火上，将大米放入锅中，加水适量，大火煮沸后转小火煮20分钟；然后放入南瓜块，小火煮10分钟；再加入燕麦，继续用小火煮10分钟。

营养师说功效

南瓜中含有丰富的胡萝卜素，对宝宝的眼睛发育很有好处。此外，宝宝常食南瓜，对脾胃也非常有益。

紫菜鸡蛋粥 健脑益智

材料 大米30克，鸡蛋1个，熟黑芝麻、紫菜各3克。

做法

1 大米洗净，浸泡半小时，沥干。

2 鸡蛋磕破，取蛋黄，搅散；紫菜用剪刀剪成细丝。

3 煎锅中放入大米炒至透明。

4 加入适量水，大火熬煮，待煮成粥后放入蛋黄搅散，加入紫菜丝和熟黑芝麻煮熟即可。

温馨tips

将磨碎的黑芝麻放入此粥中，不仅能补充蛋白质和脂肪，味道也会更香。

南瓜拌饭 护眼、健脾胃

材料 南瓜30 克，大米50 克，白菜叶10 克。

做法

1 南瓜洗净，去皮除子，切成粒；白菜叶洗净，切碎；大米淘洗干净，浸泡半小时。

2 将大米放入电饭煲中，煮至沸腾时，加入南瓜粒、白菜叶碎，煮到稠烂即可。

○营养师说功效

南瓜中含有丰富的胡萝卜素，对宝宝的眼睛发育很有好处。此外，南瓜性温，宝宝常食对脾胃也非常有利。

胡萝卜小鱼粥 护眼、强骨健齿

材料 白粥30克，胡萝卜30克，小鱼干10克。

做法

1 将胡萝卜洗净，去皮，切末；将小鱼干泡水洗净，沥干；将胡萝卜末、小鱼干分别煮软，捞出，沥干。

2 锅中倒入白粥，加入小鱼干搅匀，最后加入胡萝卜末煮滚即可。

○营养师说功效

小鱼干富含钙和铁，能促进宝宝的骨骼和牙齿的健康发育，搭配上胡萝卜，更能保护宝宝的眼睛，预防近视。

米团汤 均衡营养

材料 婴儿米粉20克，软米饭30克，胡萝卜10克，香芹15克。

做法

1 将软米饭和婴儿米粉搅和在一起，揉成米团。

2 将胡萝卜去皮，和择洗干净的香芹均切成小碎块。

3 将胡萝卜碎、香芹碎放入锅中，加水适量，煮熟后加入米团煮沸即可。

营养师说功效

这道汤中含有丰富的叶酸和维生素A、维生素C，营养丰富且口感软糯，适合宝宝常食。

鸡蓉汤 提高免疫力

材料 鸡胸肉100克，鸡汤300克。

做法

1 将鸡胸肉洗净，剁碎，剁成鸡蓉，放入碗中拌匀。

2 将鸡汤过滤留清汤，倒入锅中，大火烧开。

3 将调匀的鸡蓉慢慢倒入锅中，用勺子搅开，待煮开后即可。

营养师说功效

鸡肉中含有丰富的蛋白质，宝宝多食，能补充身体需要的蛋白质。

冬瓜球肉丸 增强食欲

材料 冬瓜50克，肉末20克，香菇1朵。

做法

1 将冬瓜去皮除子，将冬瓜肉剜成冬瓜球。

2 将香菇洗净，切成碎末；将香菇末、肉末混合并搅拌成肉馅，然后揉成小肉丸。

3 将冬瓜球和肉丸码在盘子中，上锅蒸熟即可。

营养师说功效

冬瓜有清热利尿的功效，适合宝宝夏季食用；肉丸和香菇能增强宝宝的食欲。

鱼肉香糊 促进大脑发育

材料 鳕鱼肉50克。

调料 水淀粉、鱼汤各适量。

做法

1 将鳕鱼肉洗净，切条，煮熟，去骨、刺和鱼皮，剁成泥。

2 把鱼汤煮开，下入鱼泥，用水淀粉略勾芡即可。

○营养师说功效

鱼肉中含有丰富的蛋白质及DHA、EPA等不饱和脂肪酸，能促进宝宝的大脑发育。

菠菜瘦肉粥 促进生长发育

材料 菠菜50克，猪瘦肉30克，白粥1小碗。

调料 香油少许。

做法

1 将菠菜洗净，焯水，切成小段；将猪瘦肉洗净，切小粒。

2 待锅内白粥煮开后，放入肉粒，稍煮至变色，加菠菜段，煮熟后放入香油，煮开即可。

○营养师说功效

猪瘦肉中富含蛋白质，菠菜富含维生素和膳食纤维，两者搭配煮粥，能促进宝宝消化，还能增加营养。

老南瓜胡萝卜粥 保护宝宝视力

材料 大米30克，老南瓜、胡萝卜各20克。

做法

1 将大米洗净，浸泡30分钟；将老南瓜去皮和子，洗净，切成小丁；将胡萝卜去皮，洗净，切成小丁。

2 将大米、南瓜丁和胡萝卜丁倒入锅中，大火煮开，转小火煮熟即可。

营养师说功效

南瓜和胡萝卜中都含有非常丰富的胡萝卜素以及矿物质等，这对保护宝宝视力起到重要作用。

红薯拌南瓜 健脾胃、防便秘

材料 红薯100克，南瓜50克，配方奶粉30克。

做法

1 红薯洗净，去皮，切丁，放入沸水中煮熟；南瓜洗净，去皮除子，切丁，用沸水煮软，捞出沥水；将配方奶粉冲调均匀。

2 将红薯丁、南瓜丁、冲调好的奶搅拌在一起即可。

○营养师说功效

南瓜养胃，红薯促消化，二者搭配食用，对宝宝的肠胃系统有益。

玉米鸡蛋汤 提高视力

材料 玉米粒50克，鸡蛋1个。

做法

1 将玉米粒洗净，打成玉米蓉；将鸡蛋取蛋黄打散。

2 将玉米蓉放沸水锅中不停搅拌。

3 煮沸后，淋入鸡蛋液稍煮即可。

○营养师说功效

玉米富含胡萝卜素、玉米黄素、维生素C等，能提高宝宝视力；鸡蛋含丰富的蛋白质，有助于促进宝宝的生长发育。

菠菜银耳汤 滋阴润燥

材料 菠菜40克，水发银耳20克。

做法

1 将菠菜去根，洗净，切小段；将银耳洗净，沥干，撕小朵。

2 砂锅加水，煮开，放入菠菜段稍烫，放银耳，煮15分钟即可。

○营养师说功效

此汤能够滋阴润燥，防止宝宝皮肤粗糙，同时还有补气利水的作用。

猕猴桃橙汁 宁心安神、开胃下气

材料 猕猴桃半个，橙子半个。

做法

1 将猕猴桃去皮，橙子去皮、子，一起放入果汁机中打碎。

2 将搅打的果汁倒入杯中即可。

○营养师说功效

猕猴桃除了富含维生素C 之外，还含有稳定情绪、宁心安神的血清素；而橙子具有生津止渴、开胃下气的功效。

猕猴桃薏米粥 提高免疫力

材料 猕猴桃40克，薏米30克。

做法

1 将猕猴桃去皮，洗净，切成小丁；将薏米淘洗干净。

2 锅中加水，倒入薏米烧开，大火熬60分钟至薏米熟软。

3 倒入猕猴桃丁，搅匀即可。

○温馨tips

猕猴桃宜现吃现切，放置时间长不仅会氧化，而且营养素会损失。

牛肉汤米糊 补充铁和锌

材料 牛肉80克，婴儿米粉50克。

做法

1 将牛肉洗净，切片。

2 锅置火上，加入适量清水，放入牛肉片煮15分钟。

3 将牛肉片滤除，留下肉汤；待肉汤稍凉后加入婴儿米粉中，搅拌均匀即可。

○营养师说功效

牛肉富含铁、锌、磷等，婴儿米粉富含碳水化合物、铁等，这款米糊对宝宝来说有较好的补血效果。

第三章

1～3岁，逐步过渡到食物多样化

幼儿乳牙渐出齐，咀嚼能力有所及消化能力有所增强，可以吃多种食物，但其消化、咀嚼能力仍然较差，因此食物应切碎煮烂，一般生硬、粗糙、腌制、过于油腻及带刺激性的食物对于幼儿不适宜。含粗纤维多的蔬菜（黄豆芽等）2岁以下孩子不宜食用，2～3岁可食少量。花生米及类似食品因易误吞入气管，应禁忌整粒摄入。

1~3岁孩子身高体重走势图

身高和体重等生长发育指标反映了孩子的营养状况，对1～3岁的孩子仍应每个月进行定期测量。

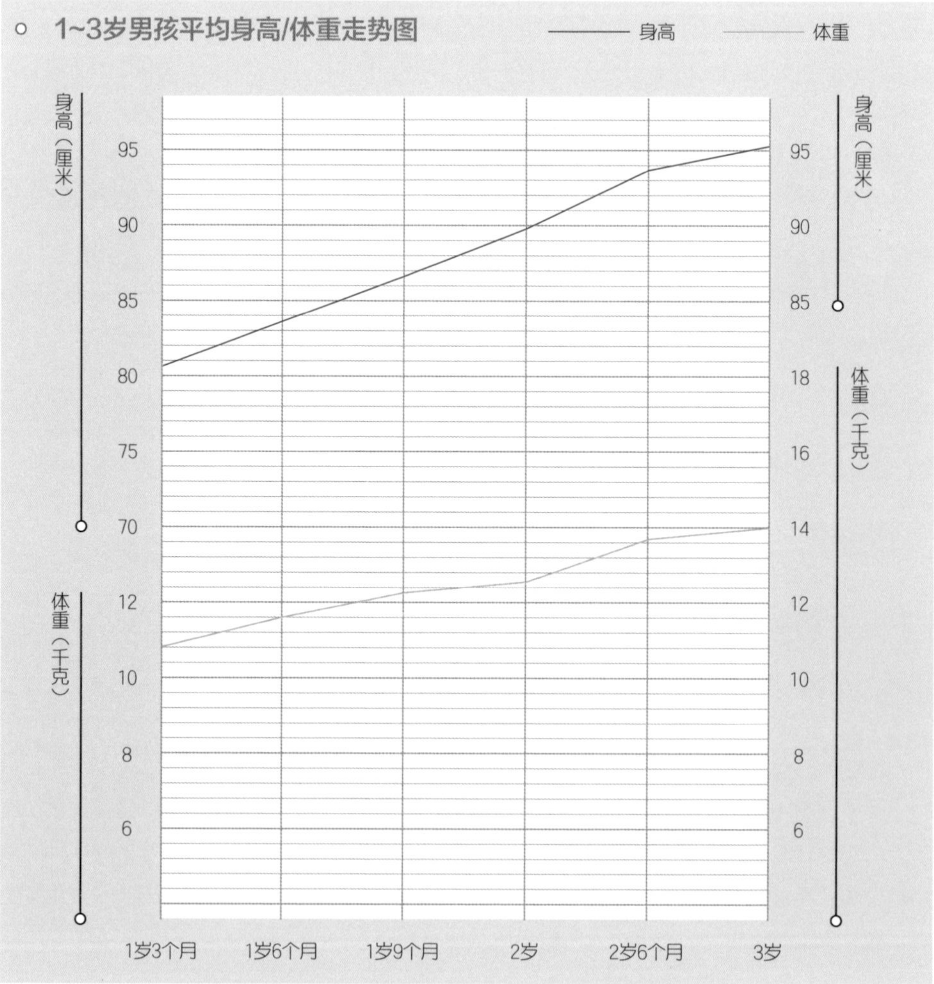

1~3岁女孩平均身高/体重走势图

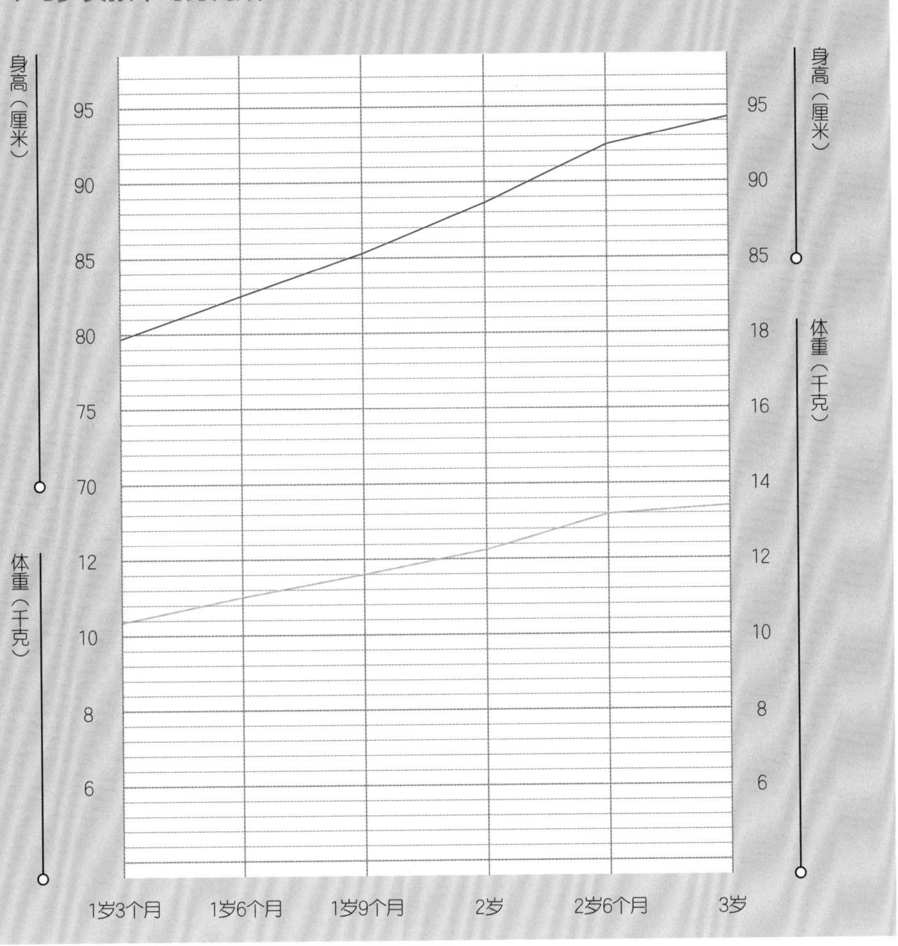

根据牙齿生长情况添加对应的辅食

通常3岁前会长约20颗乳齿，6岁后慢慢更换成恒齿。孩子的牙齿发育大多从门牙开始，因此妈妈们要先看看孩子牙齿的发育状况，提供长度适中、容易吞咽的食物，等臼齿慢慢发育后，再渐进给些稍微有硬度的食物。

针对容易囫囵吞枣的幼儿，在食材的选择上尽量给予不超过0.5厘米的块状食物，包括幼儿饼干，以免造成孩子吞咽困难。

○ 牙齿长哪里，菜单照这里

年龄	牙齿生长情况	爸妈看这里	
1~1.5岁	上下排门牙长出 	门牙可以切咬但无法研磨，因此食物必须软烂。此外，如果门牙只长出上排或下排，就别急着喂孩子需要咬断的坚硬食物	
1.5~2岁	乳臼齿发育至4颗 	可咬碎约1厘米大小的蔬菜，但是像竹笋、生黄瓜等过于粗硬的食材还不行	
2~3岁	乳臼齿发育至8颗 	此时牙齿已经长硬了，咀嚼、吞咽与消化功能比较完善了，可以吃质地稍硬的食物	

切出宝宝喜爱的食物形状

挖空：在食材头部的1/3或1/4处切下，再将其内挖空。这种方法大多用来盛放料理。

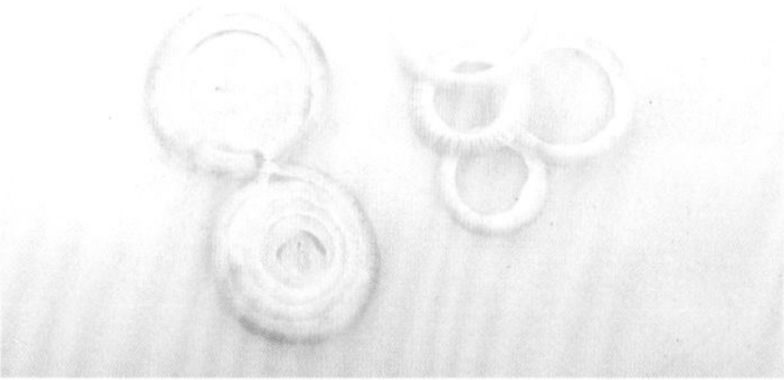

洋葱圈：因为洋葱分层的特殊结构，可以切片后再分成一圈一圈的洋葱圈。

长条卷片：先将食材去除头尾并切段，再由食材外围切入，边切边滚动食材，切完即成长条卷片。

花形切片：先将食材削去外皮，在边缘切出缺口，抓牢食材并切成厚薄均匀的薄皮，切完即成花形切片。

选择食物时要兼顾营养与易消化

幼儿期体格、智力发育都有赖于合理的营养供给，而幼儿期也是智力发育的关键时期，因此保证其营养所需更为重要。幼儿乳牙渐出齐，咀嚼能力及消化能力增强，可以吃多种食物，但其消化、咀嚼能力仍不能和大孩子相比，因此食物应切碎煮烂，一般生硬、粗糙、腌制、过于油腻及带刺激性的食物对于幼儿不适宜。含粗纤维多的蔬菜（黄豆芽等）2岁以下孩子不宜食用，2～3岁可食少量。花生米及其类似食品因易误吞入气管，应禁忌整粒摄入。根据幼儿消化特点安排膳食时应遵循以下原则。

1 选择营养丰富且适合幼儿的食品，绿叶蔬菜或鲜豆比根茎蔬菜好，粗粮比细粮好；应充分考虑满足热量需要，增加优质蛋白的摄入，尽量选择营养价值高的动物食品或大豆及其制品。

2 品种要多样化，既能增进食欲，又可达到不同食物中营养素互补；花样、品种经常变换能更好地刺激食欲中枢，促使胃液分泌，增强食欲，从而促进食物的消化吸收，并提高利用率。

3 注意烹调技术，并随季节、气候变化而变化，如冬季应注意饮食温热，夏季食用清淡的食物。

4 1～2岁幼儿，乳类仍为重要食品，以每日总量500～600毫升为宜，2～3岁每日总量250～500毫升为宜，每日可分2～4次喂食。

5 鱼类脂肪有利于幼儿的神经系统发育，可适当多选用鱼虾类食物，尤其是海鱼类。

6 对于1～3岁幼儿，应每月选用猪肝75克或鸡肝50克，做成肝泥，分次食用，以增加维生素A的摄入量。

防碎屑围嘴：兜住从宝宝嘴里漏下的食物

凉白开是孩子最好的饮料

目前市场上各种各样的饮料吸引着孩子，也让父母挑花了眼。由于大多数饮料都声称具有保健、益智、营养等功能，于是许多家长让孩子喝这些“有益健康”的东西，有时甚至将饮料取代水。其实于孩子而言，最好的饮料是凉白开。

水是人体最重要的组成成分之一，也是各类营养素发挥功能的重要基础中介物质。在生命运行过程中，水是仅次于氧的重要营养素和生命要素，可以说没有水就没有生命。

当孩子体液总量减少接近2%时，不仅会口渴，还会伴有明显的喝水愿望。这时最能有效补充体液和解渴的是凉白开，而不是含糖的饮料、碳酸饮料或果汁。

孩子对水的每日需求量

年龄范围	水的每日摄入量
1～3岁	约4杯
4～8岁	约5杯
9～12岁	男孩约8杯 女孩约7杯

孩子缺水引起的症状

脱水占体重的百分比	出现症状
2%	口渴、尿少
10%	前囟下陷、眼球内陷，疲劳，头痛，眩晕，皮肤失去弹性，肌肉无力，淡漠、精神烦躁或萎靡
20%	如不及时救治可致死亡

怎样让孩子喝水

喝水时要注意时间和方法。早上起床后便可让孩子喝凉白开，饮水量约是全日饮水量的1/4；随后按平日习惯饮水，整个上午应有全日一半的饮水量。可以在两次喂奶之间或两次辅食之间喂水。户外活动时也要备一小壶水。应避免牛饮或一口气喝够，而是少量多次。

怎样判断孩子身体是否缺水

水分可满足身体所需的客观标准就是孩子不觉得渴了。另一标准就是，起床喝完水后的2小时内应有一次排尿或上下午各有2次以上有尿意的排尿。

如果宝宝不喜欢喝水，可以换一换喝水的杯子

断奶有了“后遗症”

○宝宝坚决不吃配方奶

为了完成断奶，我特意让宝宝适应了一段混合喂养，当时宝宝还能接受配方奶。可断奶后宝宝就坚决不吃配方奶了，用奶瓶喂、用勺子喂、换奶粉都不管用，只要尝到配方奶她就不吃了。——悦悦妈

专家分析

·吃惯了母乳，换奶时宝宝有这种反应很正常。同时也说明宝宝还没有从断奶中走出来，妈妈要耐心地帮助宝宝慢慢适应。可以在配方奶中加入少量婴儿米粉或其他宝宝能吃又能调味的食物，让配方奶的味道独特一些。另外，宝宝的辅食尽量做得可口、丰富些，让宝宝多尝试一些味道，慢慢地，他就会淡忘母乳的味道。

○奶断了，“奶瘾”断不了

豆豆断奶很顺利，可是落下一个小毛病，总是要吸我的乳头，尤其是睡觉时，要是不给他吸就哭哭啼啼。我知道他不是因为饿了才要吃，而是戒不掉“奶瘾”。——豆豆妈

专家分析

·有“奶瘾”的宝宝不论有无饥饿感，都常常有吮吸妈妈乳头的欲望，一旦不能满足则哭闹不止、萎靡不振。有些宝宝还会对食物缺乏兴趣，摄入营养少，生长发育处于低下水平。这种行为需要妈妈帮他慢慢戒掉。当宝宝有吸奶的要求时，采用转移注意力的方法，将其引导到他感兴趣的东西上。宝宝哭闹或不适时，要弄清楚真正原因，不要把吸吮乳头作为平复宝宝情绪的唯一手段。

○断了奶，夜里不好好睡觉

贝贝断奶了，可是夜里到了原先吃奶的时间就会醒来，几乎每晚都要起来3~5次。有时坐起来，有时站起来，闹着要“妈妈抱”。给他配方奶也不吃，我担心他的睡眠会受到影响。——贝贝妈

专家分析

·宝宝已经习惯夜里起来吃奶，这个生物钟不是一两天形成的，所以也不可能一两天调整到正常状况。这是断奶后一个必经的过程，不用担心宝宝的睡眠，他可以在白天把晚上的睡眠补回来。晚上睡觉前，让宝宝吃饱。宝宝夜里醒来时，尽量安抚他，帮他慢慢调整。条件允许时，可以带着宝宝到新环境里住几天，新环境会帮助他淡忘旧习惯。

○ 断奶后，宝宝变瘦了

甜甜1岁前身体很健壮，可是到了1岁断奶以后，情况就大不如前了。虽然甜甜的胃口不错，每天能吃2小碗稀饭，1个鸡蛋，还有少量碎肉。可我发现她的体重不仅没有增长，反而下降了一些，身体也日渐消瘦，这是为什么呢？——甜甜妈

专家分析

· 甜甜的这种情况和断奶没有直接关系，但是和断奶后的饮食有很大关系。从出生到2岁是宝宝一生中生长最迅速的时期，因此需要大量的营养补充，同时，这个时期的宝宝牙齿没有出齐，再加上胃肠道里的消化酶分泌还不够多，对固体和半固体食物的消化吸收率也相对差一些，所以宝宝的食物需要做得软、烂，而且要易于消化。

· 另外，断奶只是表明不再把奶作为宝宝的主食而已，并不意味着不给宝宝吃奶制品。所以建议爸爸妈妈在宝宝断奶后，直到3岁前，最好还是坚持给宝宝吃配方奶或牛奶。

○ 断奶后，宝宝大便一直不正常

多多已经断奶2个月了，可是断奶后他的大便一直不太正常。刚开始腹泻了3天，后来正常了一段时间。最近大便又开始干燥，有一次隔了5天才大便。这种情况在断奶前从没发生过。——多多妈

专家分析

· 宝宝刚刚断奶时可能会出现腹泻、大便干燥、腹胀、腹痛等消化问题。因为他的食物一下从母乳换成配方奶，胃肠道可能会受一些影响，但大多数情况会在一周内好转。如果宝宝腹泻严重，需要把他的大便带到医院化验检查。在断奶后出现腹泻或大便干燥等消化问题，主要和宝宝的饮食有关，可以通过调整饮食得到改善。首先，可以将宝宝吃的配方奶换其他品牌的奶粉试试看。其次，还要多给宝宝喝水，多添加蔬菜、水果等富含膳食纤维的辅食。

1岁后的宝宝活动量慢慢增大，断奶的同时，要注意给孩子补充热量

将吃饭问题进行到底

孩子一天的饮食——早饭、午饭、晚饭、点心和水，听起来似乎简单又容易，但妈妈们可是深有体会：尽管饭食并不复杂，吃饭的过程却有些混乱，有时还会有点让妈妈们抓狂。

吃得到处都是

敏敏才14个月，但爸爸妈妈已经不再喂饭了，不过“清洁工”的活儿可是升级了。敏敏吃饭时只是有一搭没一搭的，而且是一点点、很小口地往自己嘴里放，其余大部分食物被挂在她的头发上、被甩到墙上、被沾在她的脸上、被抹在她的衣服上……

专家分析

·涂涂抹抹、乱甩胡扔——这是一岁多孩子的拿手好戏！食物是他们目前能够接触到的并且能够自由主宰的东西。所以，他们怎么能不充分利用这个机会练手呢？妈妈们担心的是，孩子的饭没吃到嘴里，营养从何而来？这个问题大可不必忧虑，孩子们可不傻，更不会饿着自己。只要帮他养成良好的进餐习惯（不额外给他过多零食，定时喝奶），他就会在吃饭时把自己喂饱。同时，定期体检，也能够随时监测孩子的营养状况。

应对之策

·每当发现孩子出现这种行为时，应立刻严肃认真地告诉他：如果他不吃了，吃饭时间就结束了。然后拿走他的饭。几次之后，孩子就明白了，在他吃饱之前，是不能玩食物的。

狼吞虎咽

东东吃饭成了奶奶最“害怕”的事儿——因为他吃饭简直就是往嘴里“倒饭”。那狼吞虎咽的劲儿，哪儿像个20个月的孩子啊。奶奶说：“我最怕他噎着。”

专家分析

·对于咀嚼能力发育较好的孩子，吃儿童餐已经不在话下。而食欲旺盛的孩子，这种吃法的确容易呛噎，同时也容易引起儿童肥胖。

应对之策

·吃饭时，一小份一小份地给他，吃完一份，再给一份，而且在每份之间给他一些水喝。比如吃饺子时，一次给他2个，吃完再盛2个，而不是一下就给他10个。饭食中一定不能有容易呛噎的食物，如大粒的、坚硬的、烫的食物。对于这种狼吞虎咽的孩子，这一点家长需要格外注意。

○ 不爱吃饭

让欣欣吃饭，好像是在让她接受酷刑一样，她会把妈妈精心准备的饭菜推到离自己尽量远的地方，看起来一丁点儿食欲都没有。

专家分析

· 6个月之后，就必须从添加辅食开始，为孩子增加营养，以提供其生长发育之需。不吃饭、不喜欢吃饭，有很多原因。关键是要找出可能导致孩子不吃饭的诱因。

应对之策

· 首先，看看食物是否适合孩子吃。不仅仅是食物的原材料，还包括软硬程度以及口味。另外，检查一下非吃饭时间是否给孩子吃了过多的甜食，甜食会导致孩子没有胃口吃其他东西。

○ 对于孩子吃饭问题，父母易犯的错

贿赂孩子

“只要你把菠菜吃掉，一会儿就可以吃一块糖。”这种贿赂对于孩子来说，其实是一种变相的压力，可能会使吃饭变得更紧张，而不是让孩子喜欢上菠菜。另外，还会颠倒孩子心中食物的价值——糖，使他为此值得“牺牲”一下，吃那讨厌的菠菜。如果要奖赏孩子，可以用水果作为糖或蛋糕的替代品；可以把孩子努力吃饭作为奖励原因，而不要具化到某种食物。

过分强调规矩

尝，只是小孩子认识食物的途径之一。喂，其实是一个复杂的、多重的经验。一个玩过香蕉和夹心饼干的孩子，要比中规中矩吃饭的孩子更懂得享受他的食物。因此，重要的是孩子能够把饭吃进肚子里，而不是他用勺还是用手来完成这个任务。于是，混乱、玩闹是不可避免的，只要不影响进食，家长就不必过分约束。

营养专家提醒

家长想让孩子多吃点儿，可以理解。但还是得时刻提醒自己，孩子其实还很小，他需要的只是他这么大的身体需要的量。一顿饭给孩子太多的食物，会造成孩子饮食过量，还会让孩子对食物产生恐惧。先给孩子一小份食物，当他要求更多时，尽量给他添加蔬菜和水果。

奶油蘑菇烩青菜 增强免疫力、补钙

材料 油菜60克，嫩芹菜心1棵，蘑菇2朵，奶油10克。

调料 盐适量。

做法

1 将蘑菇泡发，洗净，切成碎末。

2 锅置于小火上，倒入奶油，约煮5分钟后加入蘑菇碎，煮熟后盛出备用。

3 将油菜洗净后，倒入开水中焯一下，捞出，切成碎；将芹菜洗净，倒入开水中焯烫，捞出后切成细丝。

4 将蘑菇、盐倒入有奶油的锅中，再加入油菜碎、芹菜丝，搅拌均匀，小火烩15分钟即可。

营养师说功效

这道菜具有补肝、增强宝宝免疫力、补钙、防便秘的功效。

海带黄瓜饭 补碘、清热去火、利尿

材料 大米40克，海带10克，黄瓜20克。

做法

1 将海带用水浸泡10分钟后捞出，切成小片。

2 将黄瓜去皮后切成小丁。

3 把泡好的大米和适量清水倒入锅里，将米煮成烂饭，然后放入海带片和黄瓜丁，用小火蒸熟即可。

○温馨tips

海带表面的白色粉末是可以调味的，但是咸味较重，应洗净后再食用。

芝麻南瓜饼 护发乌发

材料 南瓜200克，面粉50克，黑芝麻适量。

做法

1 将南瓜削皮除子，切成小块。

2 将南瓜用水煮至熟透，沥干水分，然后用勺子碾碎，加入面粉，搅拌均匀。

3 将和匀的南瓜面团分小剂，将小剂拍成圆饼状。在一个小碗里倒入适量黑芝麻，将南瓜饼的表面粘上芝麻。

4 锅内倒油，八成热时放入南瓜饼煎熟，盛盘即可。

○温馨tips

南瓜饼下锅后不要急于翻动，待底面定形后再翻过来煎另一面。

小米黄豆面煎饼 健胃止呕

材料 小米面200克，黄豆面40克，干酵母3克。

做法

1 将小米面、黄豆面和干酵母放入面盆中，用筷子将盆内材料混合均匀，倒入温水搅拌成均匀无颗粒的糊状。

2 加盖醒发4小时，将发酵好的面糊再次搅拌均匀。

3 锅内倒植物油烧至四成热，用汤勺舀入面糊，使其自然形成圆饼状。

4 开小火，将饼煎至两面金黄即可。

○营养师说功效

这道主食可补钾、明目、生津健胃，增进宝宝食欲，补充所需热量。

五彩饭团 增强食欲

材料 米饭200克，鸡蛋1个，胡萝卜、海苔各适量。

做法

1 将米饭分成8份，搓成圆球。

2 将鸡蛋煮熟，取蛋黄切成末；海苔切末；将胡萝卜洗净，去皮，切丝后焯熟，捞出后切细末。

3 在球形饭团外面分别粘上蛋黄末、胡萝卜末、海苔末即可。

○温馨tips

这款食品形状圆圆的，很可爱，再加上颜色鲜艳，很受孩子的欢迎。

玉米面发糕 增强记忆力

材料 面粉35克，玉米面20克，红枣3个，酵母适量。

做法

1 将酵母用35℃的温水溶化调匀。

2 将面粉和玉米面倒入盆中，慢慢地加酵母水和适量清水搅拌成面糊。

3 将面糊醒发30分钟，将去核红枣散放在面糊上面。

4 置于烧沸的蒸锅蒸15～20分钟，取出，切块食用。

○温馨tips

这款食品里面辅料放的是红枣，也可以放葡萄干或其他果干。

香菇菜心 提高免疫力、增强体质

材料 鲜香菇50克，菜心100克。

调料 盐、姜末各适量。

做法

1 将香菇去蒂，洗净，切小块；将菜心洗净，切段。

2 锅内倒油，烧热后下入姜末煸炒，再放入香菇块和菜心段翻炒，加盐调味，用大火爆炒1分钟即可。

营养师说功效

这道菜能够帮助宝宝提高免疫力、增强体质，非常适合宝宝食用。

牛奶蒸蛋 促进骨骼发育

材料 鸡蛋2个，牛奶200克，虾仁25克。

调料 盐3克，香油1克。

做法

1 将鸡蛋打入碗中，加牛奶搅匀，再放盐调匀；将虾仁洗净。

2 将鸡蛋液入蒸锅大火蒸约2分钟，此时蛋羹已略成形，将虾仁摆在上面，改中火再蒸5分钟，最后出锅淋上香油即可。

营养师说功效

牛奶、虾仁中富含钙质、蛋白质，可以促进骨骼发育，帮助宝宝生长；鸡蛋中的B族维生素可以舒缓紧张的神经。

爱心饭卷 防治贫血、增强记忆

材料 米饭50克，干紫菜10克，黄瓜60克，鳗鱼40克。

调料 盐少许。

做法

1 将黄瓜洗净，切成小条，过开水烫熟后用盐、油入味；将鳗鱼切片蒸熟，放少许盐调味。

2 将保鲜膜平铺开，均匀地铺上一层米饭，压紧，再铺上一层紫菜，摆上黄瓜条、鳗鱼片，将保鲜膜慢慢卷起，卷的时候要捏紧。

3 用保鲜膜包住后冷冻，食用前取出切块加热即可。

营养师说功效

此饭卷材料丰富，宝宝食用后具有多重功效，可以防治贫血、增强记忆、促进生长发育。

鸡肝小米粥 补血、养脾胃

材料 鲜鸡肝、小米各100克。

调料 香葱末、盐各适量。

做法

1 将鸡肝洗净，切碎；将小米淘洗干净。二者一同入锅煮粥。

2 粥煮熟之后，用盐调味，再撒上些香葱末即可。

○温馨tips

淘小米时不要用手搓，忌长时间浸泡或用热水淘小米，以免小米中的营养流失或遭到破坏。

三鲜小馄饨 促进智力发育

材料 河虾50克，猪腿肉50克，鸡蛋1个，小馄饨皮10张。

调料 葱花适量。

做法

1 将河虾在开水中烫熟，剥出虾脑、虾肉。

2 将猪腿肉切碎，和虾脑、虾肉一起拌匀，打入鸡蛋，再拌匀，制成馅料。

3 将馅料用小馄饨皮包好，煮熟，撒上葱花即可。

○营养师说功效

虾肉中含有丰富的卵磷脂和钙，能促进宝宝智力和骨骼发育。

番茄枸杞子玉米羹 促进生长发育

材料 玉米粒200克，番茄50克，枸杞子5克，鸡蛋1个（取蛋清）。

调料 盐2克，香油、水淀粉各适量。

做法

1 将玉米粒洗净；将番茄洗净，去蒂去皮，切块；将枸杞子洗净；将鸡蛋清打匀。

2 汤锅置火上，加水，倒入玉米粒煮开，转中小火煮5分钟，放入番茄块、枸杞子烧开，用水淀粉勾芡，加入鸡蛋清搅匀，加盐，淋入香油即可。

温馨tips

最好选用鲜玉米棒子，可以保留浓郁的清香味。可以用刀切下玉米棒子上的玉米粒，注意不要切下粗老的玉米胚根。

牛奶玉米粥 补充钙质、健脾开胃

材料 牛奶250克，玉米面50克。

调料 黄油、盐各适量。

做法

1 将玉米面用少许水调稀，倒入煮开的水中，小火煮3～5分钟，加盐，搅拌至变稠。

2 将粥倒入碗中，加入牛奶和黄油，搅匀，凉凉即可。

○温馨tips

放入玉米面后要及时搅拌，防止粥烧煳。

花豆腐 增强免疫力

材料 豆腐50克，青菜叶30克，熟鸡蛋黄1个。

调料 盐、葱姜水各适量。

做法

1 将豆腐稍煮，放入碗内研碎；将熟蛋黄研碎。

2 将青菜叶洗净，开水微烫，捞出，切成碎末，加入盐、葱姜水拌匀。

3 将豆腐碎做成方形，撒一层蛋黄碎在豆腐表面。

4 入蒸锅，中火蒸5分钟，取出后撒青菜碎即可。

○营养师说功效

鸡蛋黄中含有丰富的蛋白质、卵磷脂、铁、磷等营养元素，能够增强宝宝体质，提高免疫力；豆腐同样具有提高免疫力的功效。

水果杏仁豆腐羹 有益心脏健康

材料 西瓜、香瓜各40克，水蜜桃35克，杏仁豆腐50克。

做法

1 将西瓜取果肉去子，切丁；将香瓜洗净，去皮除瓤，切丁；将水蜜桃洗净，去皮、核，切丁；将杏仁豆腐切块。

2 碗中倒入适量开水，凉凉后再加入西瓜丁、香瓜丁、水蜜桃丁、杏仁豆腐丁即可。

温馨tips

一定要等到水凉至45℃以下再加入水果，否则温度太高会破坏水果中的维生素C。

香蕉泥拌红薯 促进食欲、补充热量

材料 红薯80克，香蕉30克，原味酸奶半杯。

做法

1 将红薯洗净，加适量清水煮熟，去皮后切成小方块；将香蕉去皮，用勺子将果肉压成泥。

2 将香蕉泥和原味酸奶拌匀；红薯块盛在盘中，倒上香蕉泥，拌匀即可。

○营养师说功效

红薯、香蕉与酸奶三者搭配给宝宝食用，可以促进宝宝的食欲，并为宝宝的大脑发育提供热量。

红薯酸奶 促排便、补钙

材料 红薯100克，原味酸奶40克。

做法

1 将红薯去皮，入清水中略泡。

2 将红薯蒸熟后取出，趁热碾成泥。

3 碗中倒入原味酸奶，放入凉凉的红薯泥，拌匀即可。

○温馨tips

如果没有红薯泥，用土豆泥、南瓜泥也可以做出美味的食物。

蛋黄菠菜泥 促进脑发育、预防贫血

材料 菠菜20克，蛋黄半个。

做法

1 将菠菜洗净，用沸水焯一下，捞出切碎。

2 用蛋清分离器分离出蛋黄，打散备用。

3 锅中加少许水烧开，放入菠菜碎煮熟软。

4 加蛋黄液，边煮边搅拌，煮沸即可。

○营养师说功效

菠菜富含叶酸，能促进宝宝脑神经的发育，同时可以预防宝宝贫血；蛋黄有健脑益智的功效，很适合宝宝吃。

奶油菠菜 维护正常视力

材料 菠菜20克，奶油、黄油各适量。

调料 盐少许。

做法

1 将菠菜洗净，用沸水焯烫，捞出切碎。

2 锅置火上，放适量黄油，烧热后下奶油至化开，下菠菜碎煮2分钟至熟，加盐调味即可。

○温馨tips

焯烫菠菜的时间不宜过长，过长颜色就会变难看，也会流失很多营养素。

胡萝卜西芹鸡肉粥 促进食欲

材料 大米80克，胡萝卜、鸡肉各50克，西芹20克。

调料 盐、香油各1克。

做法

1 将大米淘洗干净；将胡萝卜洗净，去皮切丝；将西芹洗净，切成末；将鸡肉洗净切丝。

2 锅中放油，油热后放入胡萝卜丝和西芹末翻炒，然后倒入鸡丝炒至发白后盛出。

3 另起锅，锅中加适量清水，倒入大米，大火煮沸后转小火慢熬，煮至米粥熟烂后加入做法2中炒好的菜，再次煮开时加盐和香油调味即可。

营养师说功效

胡萝卜富含胡萝卜素，西芹富含膳食纤维，鸡肉含有丰富的优质蛋白质。这款粥可保护孩子的视力、促进消化，从而改善因消化不良而引起的食欲不振。

番茄肝末汤 滋润肌肤、促进大脑发育

材料 猪肝、番茄各100克，洋葱20克。

调料 盐2克。

做法

1 将猪肝洗净剁碎；将番茄用开水烫一下，去皮，切丁；将洋葱剥皮，洗净，切碎备用。

2 将猪肝碎、洋葱碎同时放入锅内，加入水煮开，最后加入番茄丁、盐即可。

○营养师说功效

猪肝富含铁等多种营养素，番茄含丰富的维生素C。这道汤可以满足宝宝对铁、维生素C的需求，帮助孩子生长。

胡萝卜鸡蛋碎 预防呼吸道感染

材料 胡萝卜1根，鸡蛋1个。

调料 生抽少许。

做法

1 将胡萝卜洗净，去皮，上锅蒸熟，切碎。

2 鸡蛋带壳煮熟，去壳，切碎。

3 将胡萝卜碎和鸡蛋碎混合搅拌均匀，滴上生抽即可。

○温馨tips

做这道菜，也可以用生鸡蛋，将鸡蛋液和胡萝卜碎一起搅拌均匀，然后放入锅中炒，注意要用小火。

鹌鹑蛋菠菜汤 强壮筋骨、健脑益智

材料 鹌鹑蛋4个，菠菜100克。

调料 盐、香油各适量。

做法

1 将鹌鹑蛋洗净，磕入碗中，打散；将菠菜择洗干净，放入沸水中焯烫30秒，捞出，沥干水分，切段。

2 锅置火上，倒入适量清水烧开，淋入蛋液搅成蛋花，放入菠菜段，加盐搅拌均匀，淋上香油即可。

○温馨tips

菠菜在放入锅里之前，先焯烫一下，可以去除里面的草酸。

西蓝花浓汤 增强食欲、提高免疫力

材料 西蓝花100克，面粉50克，洋葱20克。

调料 黄油、盐、鸡汤各适量。

做法

1 将西蓝花去根部，洗净，切块；洋葱洗净，切碎。

2 黄油爆香洋葱碎，加入西蓝花和鸡汤，大火烧开。

3 将面粉炒香，慢慢地加入汤内，直至变浓稠，加入盐调味。

4 用粉碎机将上述汤和料一同打碎，倒入锅中烧开即可。

○温馨tips

在做这道汤之前，可先用淡盐水浸泡西蓝花，以去除可能藏在西蓝花中的小虫。

奶油虾仁 健脑益智

材料 鲜虾仁200克，奶油10克，鸡蛋1个。

调料 料酒3克，盐2克。

做法

1 将虾仁用水浸泡，用竹签挑去虾线，洗净，控干水分；将鸡蛋打入碗中，滤去蛋清，留下蛋黄，打散备用。

2 锅置火上，放油烧热，下入虾仁大火快炒，加入料酒、盐，炒至虾仁熟后盛出备用。

3 将奶油倒入锅中，小火煮5分钟左右，加入蛋黄，快速搅拌，煮沸时加入虾仁稍煮即可。

○营养师说功效

虾仁和蛋黄中富含卵磷脂、优质蛋白质等，可促进大脑发育，提高记忆力。

黑豆豆浆 促进大脑发育、保护眼睛

材料 黑豆80克。

做法

1 将黑豆用清水浸泡8~12小时，洗净。

2 把泡好的黑豆倒入全自动豆浆机中，加水至上下水位线之间， 按下“豆浆”键，煮至豆浆机提示豆浆做好，过滤后即可。

○营养师说功效

黑豆入肾，和牛奶、蜂蜜搭配，能增强眼肌力量、加强调节功能，可以保护孩子的眼睛，促进大脑发育。

三丁豆腐羹 降火、补钙

材料 豆腐200克，鸡胸肉、番茄、鲜豌豆各50克。

调料 盐2克，香油少许。

做法

1 豆腐洗净，切成丁，在沸水中煮1分钟；鸡胸肉洗净，切丁；番茄洗净，去皮，切丁；鲜豌豆洗净。

2 将豆腐丁、鸡肉丁、番茄丁、豌豆放入锅中，加水，大火煮沸后转小火煮10分钟，加盐调味，淋上香油即可。

○营养师说功效

此羹含有宝宝生长所需的蛋白质、维生素、矿物质等各种营养，补钙、补虚，促进生长发育。

绿豆玉米糊 降火、排毒

材料 绿豆粉、玉米面各50克。

做法

1 将绿豆粉、玉米面加适量水调匀。

2 锅内放入适量清水，烧沸后倒入绿豆粉、玉米面，不断搅拌。

3 烧沸后改用小火煮至熟，出锅即可。

温馨tips

这款米糊也可用绿豆和鲜玉米粒放入带有“米糊”功能的豆浆机中制作，将食材洗净后，加水至豆浆机的上下水位线之间，按“米糊”键，等豆浆机提示做好即可。

牛奶枸杞银耳羹 增强抵抗力

材料 银耳20克，牛奶120克，枸杞子10克。

调料 白糖少许。

做法

1 将银耳提前泡发；将枸杞子洗净。

2 锅中放适量水，加银耳，大火烧开后转小火；加枸杞子继续炖煮10分钟，关火。

3 倒入牛奶拌匀，加白糖调味即可。

○营养师说功效

银耳含有多糖类物质，可以增强宝宝的抵抗力；枸杞子有抗疲劳、保护眼睛的功效。

香果燕麦牛奶饮 防治便秘、促眠

材料 即食燕麦片20克，牛奶1杯，苹果1块，香蕉半根，葡萄数颗。

做法

1 燕麦片用热水冲开；将香蕉去皮，切片；将苹果洗净，去皮、核，切丁；将葡萄去皮和子。

2 将香蕉、苹果、葡萄倒入搅拌机，加少量水，打成汁。

3 将牛奶、果汁加入燕麦片中搅拌均匀即可。

○营养师说功效

苹果和香蕉都含丰富的膳食纤维、钾等，能够促进宝宝胃肠蠕动，防止宝宝便秘，同时还有镇静促眠的作用。

洋葱摊蛋 增进食欲

材料 洋葱1/2个，鸡蛋1个。

调料 盐适量。

做法

1 将洋葱洗净，去老皮，切丝；将鸡蛋打散。

2 锅加热，放入适量油，烧至七成热后倒入洋葱丝翻炒，淋入鸡蛋液，小火翻炒，加盐调味即可。

营养师说功效

洋葱和鸡蛋的搭配能增进宝宝食欲，促进宝宝对营养的吸收，还可以祛风散寒、消炎杀菌。

西蓝花豆浆汁 缓解便秘、增强抵抗力

材料 西蓝花100克，豆浆200克。

做法

1 将西蓝花洗净，掰成小朵，放沸水中焯烫，凉凉备用。

2 把西蓝花和煮沸的豆浆放入榨汁机中搅打成汁，凉至温热即可。

○温馨tips

豆浆很容易变质，宜选用当天现做的新鲜豆浆。消化不良、嗝气和肾功能不好的宝宝最好少喝。

木耳蒸鸭蛋 缓解咳嗽、清热、补血

材料 木耳25克，鸭蛋1个。

调料 冰糖5克。

做法

1 将木耳泡发后洗净，切碎。

2 将鸭蛋打散，加入木耳碎、冰糖，添少许水，搅拌均匀后隔水蒸熟。

○温馨tips

木耳有滑肠的功效，会加重腹泻症状，因此腹泻的宝宝不宜食用。

五彩什锦饭 健脾开胃、生津益血

材料 米饭1碗，鸡蛋1个，豌豆30克，黄瓜30克，鸡肉、胡萝卜各20克。

调料 盐适量。

做法

1 将黄瓜洗净切丁，将鸡肉、胡萝卜切丁，将豌豆洗净；上述食材一起放入锅中，炒熟，加盐调味。

2 锅内倒植物油烧热，将鸡蛋打匀后倒入，快速炒散，倒入米饭炒匀。

3 加入预先炒好的黄瓜丁、鸡肉丁、胡萝卜丁、豌豆，盖上锅盖，小火焖一会儿即可。

营养师说功效

鸡蛋富含增进食欲的锌元素，鸡肉具有生津益血的功效，大米、鸡蛋、豌豆、黄瓜、鸡肉、胡萝卜搭配的这道主食营养非常丰富，且色香味俱全，可刺激宝宝食欲。

第四章

4～6岁，养成饮食好习惯

这个年龄段是进幼儿园的年龄，也是培养幼儿良好的饮食习惯的重要时期。此时孩子已具备了较好的吃饭能力，需要的食品和成人类似，但必须避免刺激性食物。主食应粗细搭配，副食要荤素结合。可以多吃有色蔬菜，如胡萝卜、番茄、菠菜等，这些蔬菜富含胡萝卜素、维生素C等，有利于提高免疫力，保护眼睛、呼吸道和胃肠道。

4~6岁孩子身高体重走势图

身高和体重等生长发育指标反映了孩子的营养状况，对4～6岁孩子仍应每个月进行定期测量。

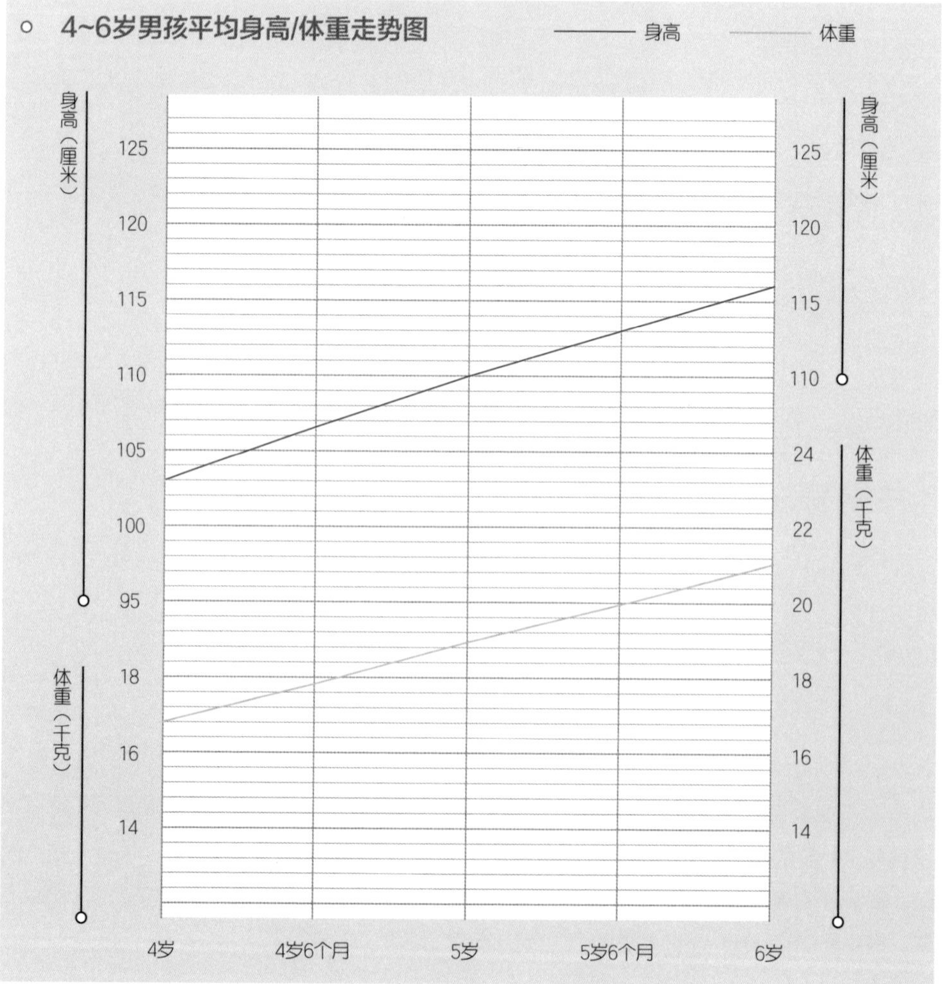

4~6岁女孩平均身高/体重走势图

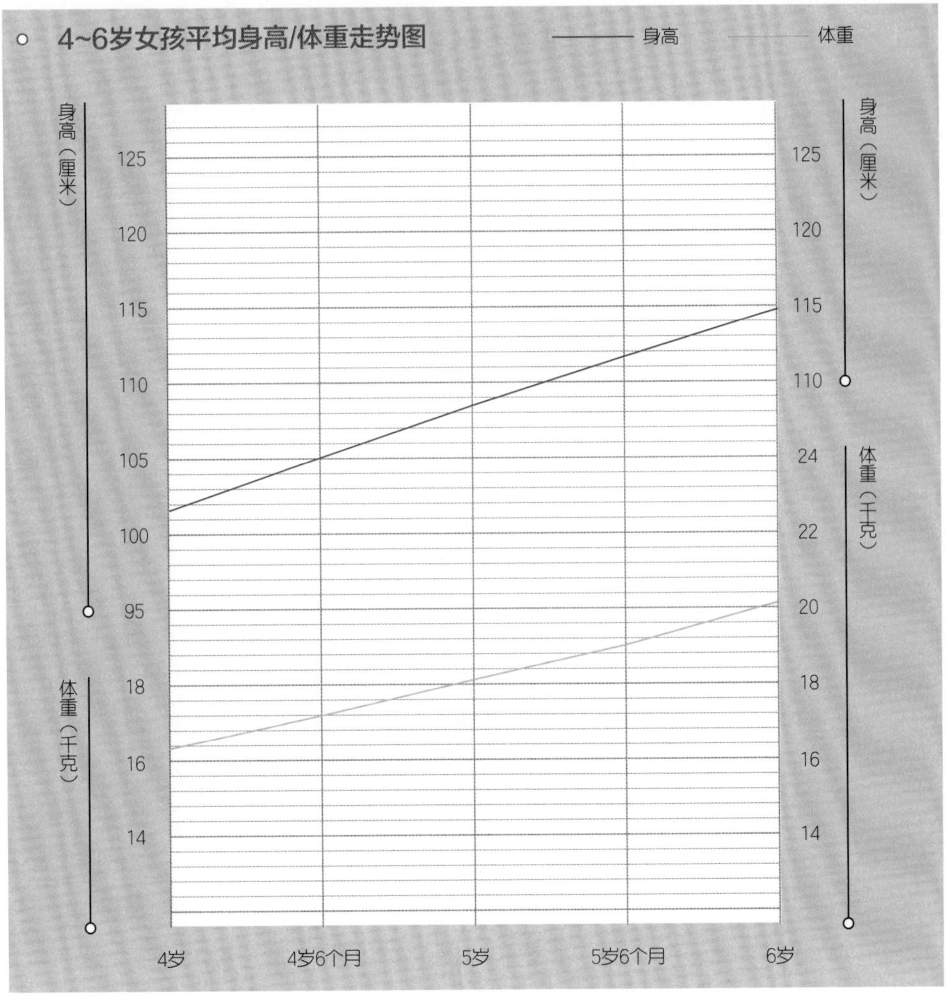

吃对水果更健康

○预防便秘的苹果

中医认为，苹果具有生津、润肺、除烦、开胃、止泻、通便的作用。孩子很容易便秘，吃点水果就可以预防。苹果是常见易得的大众水果，任何体质的孩子都可以食用。苹果含有膳食纤维、锌、维生素C等，可以提高孩子免疫力，让孩子的皮肤更光滑。

○润肺防咳的梨

梨具有清热生津、润燥化痰的功效，与大米一起煮服，可增强清热、生津养胃的作用。对孩子来说，天气干燥的时候多吃点儿梨，不仅有助于消化，还可以调治烦热、口干、舌苔少、大便干燥，预防咳嗽。需要注意的是，梨性凉，得了风寒感冒、咳嗽、腹泻的孩子以及阳虚体质的孩子尽量少吃。

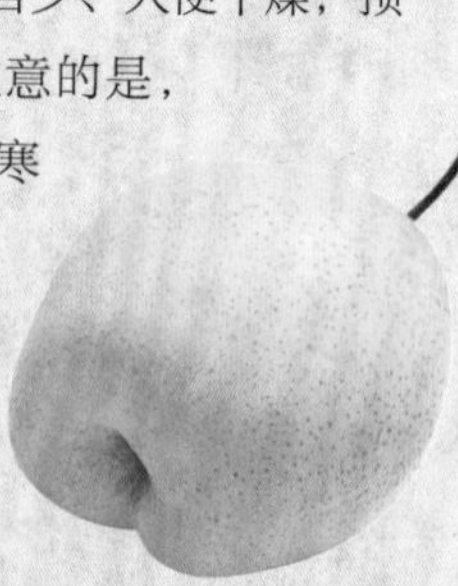

○预防积食的芒果

芒果的味道很受孩子欢迎，具有益胃、解渴、利尿的功效，适量食用，可以防止积食。需要注意的是，芒果皮有组织胺成分，容易引起过敏，过敏体质的孩子尽量少吃。

○预防感冒的橘子

橘子富含维生素C，可预防感冒，并具有开胃、助消化、促进生长发育的功效。

○ 提供更多热量的菠萝

菠萝含有多种维生素和糖分，能帮助体寒的孩子储存更多热量。需要注意的是，菠萝中含有菠萝蛋白酶，若吃法不当，会出现腹痛、腹泻、呕吐、全身发痒和荨麻疹等症状。食用前要将果皮、果心去除，切成片放入淡盐水中浸泡20分钟，或者加热煮熟，这样食用更安全。

○ 嗓子疼时就吃杨桃

杨桃具有止渴解烦、除热、利小便、预防口角炎的作用，此外，它对辅治孩子风热咳嗽、咽喉肿痛也有一定食疗作用。

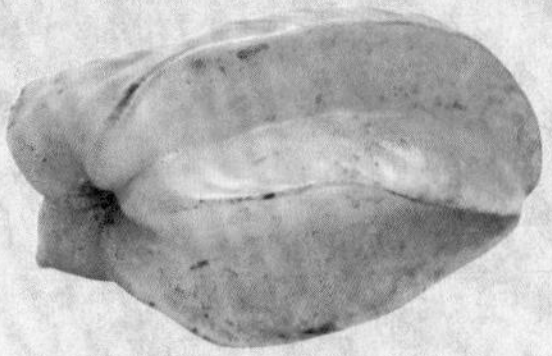

○ 孩子的体质与水果属性

水果属性	水果类型	孩子的体质
温热类	通常热量密度高、糖分高，如枣、桃、杏、桂圆、荔枝、樱桃、木瓜、石榴等	体质燥热的孩子吃这类水果应适量
寒凉类	包括香蕉、橄榄、雪梨、柚子、柿子、草莓、猕猴桃、枇杷、西瓜等	体质虚寒的孩子应慎食这些水果
性平类	包括葡萄、李子、梅、橘子等	这些水果适宜各种体质的孩子

孩子吃得过多会影响智力

很多家长最怕的是孩子长得不结实、吃得太少，却不知孩子吃得太饱更容易闹病。

孩子消化系统发育还不成熟，消化能力弱，虽然需要水谷营养，却不能吃得过饱，使胃肠负担过重，从而引起胃肠疾患。此外，孩子吃得太多，会造成肥胖症，还会伤害大脑。

○ 容易使大脑疲劳

进食越多，肠胃需要的血液量越多，供应大脑的血液量就会相对减少，影响脑细胞的新陈代谢。过食的脂肪等在代谢过程中会消耗大量的热量而与大脑“争饭吃”。

○ 会抑制大脑智能区域的生理功能

人的大脑活动方式是兴奋和抑制相互诱导的，即大脑某区兴奋了，其相邻部位的一些区域将处于抑制状态，兴奋越强，周围部位的抑制就越深。由于过量进食，从而使大脑的相应区域长时间兴奋，而邻近的大脑智能区域则受到抑制，智力就会越来越差。

○ 易致便秘进而“毒害”大脑

孩子吃多了容易导致便秘。便秘时，食物久积于肠道，经细菌作用会产生大量有害物质，吸收进入血液后，就会通过血脑屏障使脑细胞慢性中毒，损害中枢神经，影响智能的发挥。

○ 促使大脑早衰

一种能促使大脑早衰的物质纤维芽细胞生长因子，会因过饱饮食而明显增多，这种物质能使毛细血管内皮细胞和脂肪增多，促使动脉粥样硬化的发生，进而使供给大脑的氧和营养物质减少，导致大脑早衰。

因此，不要让孩子过量饮食，以免出现全身发胖、智力减退的现象。

不挑食、偏食，养成良好的饮食习惯

生活越来越好，可孩子的口味却越来越刁，总是这也不吃、那也不吃，孩子的每顿饭妈妈都要使尽各种招数，挑食、偏食、厌食成了让妈妈最头痛的心病。

○什么是挑食、偏食

孩子喜欢吃一种食物而不喜欢吃另一种食物，不喜欢某些食物的味道或者很少吃某些食物，这就是挑食、偏食。

人体需要的各种营养素来源于各类食物，要想让孩子保证正常的生长发育，就得吃各种各样的食物。孩子挑食、偏食的不良饮食行为很容易导致某些营养素的不足，严重时会出现营养缺乏，影响生长发育。

○孩子挑食、偏食的原因

家长缺乏教育和引导

孩子的口味比较挑剔，如果家长不加以教育和引导，孩子的饮食行为就很容易进一步形成挑食、偏食的习惯。引导孩子对每一种食物都要吃一些，避免不爱吃的食物吃得少，爱吃的食物吃太多。

家长饮食习惯的影响

儿童时期是饮食习惯形成的关键时期，在饮食习惯、饮食行为的形成过程中，主要模仿家长的饮食习惯和饮食行为，如果家长有挑食、偏食的习惯，孩子自然会形成同样的不良习惯。

饭前吃零食

饭前吃零食会影响孩子吃饭时的食欲，吃饭时挑挑拣拣，这也是养成挑食、偏食习惯的因素之一。

饭前喝饮料

吃饭前或吃饭时喝过多的果汁或含糖饮料。

○应对孩子偏食的措施

增加运动量

运动会加速热量的消耗，促进新陈代谢，增强食欲。在肚子饿时，孩子是很少偏食、挑食的。

控制孩子的零食供应

控制孩子的零食供应，以定时定量的“供给制”代替想吃就给的“放任制”。

主食和副食要经常变换花样

做饭时多考虑孩子的喜好，对孩子不喜欢吃、却又富有营养的食物，必须精心烹调，尽量做到色香味俱佳，还可将其添加到孩子喜欢吃的食物中，使其慢慢适应。

家长不能偏食

饭菜上桌后，家长带头叫好，吃得津津有味，这样能把孩子的“馋虫”引出来。

去医院检查

如果孩子严重偏食，就得去医院查查。贫血、缺锌等原因都会影响孩子的口味和食欲。

饮食加运动，避免“小胖墩儿”与“豆芽菜”

肥胖和过度消瘦已成为威胁孩子健康成长的两大营养问题，“小胖墩儿”和“豆芽菜”是孩子发育中的两种极端现象。

○ 让小胖墩儿瘦下去

有些父母认为，让孩子吃得越多越好，营养越丰富越好，因此养出不少小胖墩儿。其实胖并不一定就好，反而会滋生很多健康问题。

如何判断小胖墩儿体型

目测法

孩子是否肥胖，一般通过目测就能做一个大致判断。

公式计算法

体重指数（BMI）计算公式：体重（千克）/身高的平方（厘米^2）

2岁以上的孩子可以通过体重指数来判断是否肥胖，详见284页“2~12岁中国儿童体重指数BMI分类标准”。

吃得好动得少，孩子过早“发福”

吃得好动得少，是导致孩子成为小胖墩儿的直接原因。家长经常带孩子吃洋快餐，喝高糖饮料。同时，对孩子成长至关重要的户外运动也渐渐被电视所取代，使摄入的大量高热量、高脂肪食物无法被消化，而是转化为大量脂肪堆积在体内，最终造成肥胖。

小胖墩儿管好嘴，多动腿

对于小胖墩儿，要从根本上改变“吃得好动得少”的不良生活方式，让孩子“管好嘴，多动腿”。

“管好嘴”就是要纠正孩子贪吃，暴饮暴食，爱吃零食、夜食、膨化食品、洋快餐等垃圾食品的不良习惯，多让孩子在家吃正餐、主食，充分延长咀嚼次数，延长进食时间。保证孩子细粮、全谷类、豆类、蔬菜、水果、肉、蛋、鱼、奶等各种营养均衡摄入，不挑食、不偏食。

“多动腿”就是增加孩子的热量消耗，多进行户外运动，如游泳、慢跑、快步走、做体操、爬山等活动，充分消耗游离脂肪酸。

○让豆芽菜成为小豆苗

如何判断豆芽菜体型

孩子在1周岁左右时胸围与头围基本相同，在46厘米左右。周岁以后，孩子的胸围逐渐超过头围，胸围值（厘米）=头围值（厘米）+年龄（岁）-1厘米。如果测量得出的胸围与头围的差值明显低于孩子的年龄，就可以认定孩子是豆芽菜体型。

豆芽菜孩子的隐患

豆芽菜体型除了胸廓包括胸部的皮下脂肪、胸部肌肉与骨骼较小外，胸腔内的脏器，如心脏、纵膈以及肺脏的发育不良，严重的还会造成缺铁性贫血、佝偻病、缺锌等病症。

豆芽菜体型的孩子，身体抵抗力比普通孩子差，容易生病。孩子早期如果缺乏营养，会造成生长发育迟缓，成年后患慢性病的危险也会明显高于正常人。

豆芽菜孩子是如何形成的

1 饮食不节制是目前比较普遍的原因。孩子正处在生长发育期，脾胃功能还不健全。如果饮食上不节制，饥一顿饱一顿，不按时吃饭或吃零食太多，都会造成脾胃功能失调、脾胃虚弱等症。

2 夏天饮用过多冷饮。过食寒凉之物，易损伤脾胃功能，造成脾胃虚寒，影响食物消化吸收及营养摄取。

3 矿物质的缺乏也会影响孩子发育，如缺锌可导致腹泻、厌食症，缺钙导致生长停滞、抽搐等，缺铁易致贫血、厌食、生长发育停滞等。

4 孩子生病后吃大量药物，尤其是一些消炎镇痛的西药，如阿司匹林、对乙酰氨基酚、红霉素等，这些药对孩子胃肠道有刺激作用，会影响食物消化吸收。

改善豆芽菜体型的方法

营养均衡

合理搭配膳食，保证充足的营养，平时除食用富含动物性蛋白质的肉、蛋类外，还要适当吃一些豆制品、蔬菜、瓜果等。

另外，家长要注意调理好孩子的脾胃功能，增强消化道对食物中营养素的消化和吸收。必要时可在医生指导下服用调理脾胃功能的药物，如B族维生素、酵母片。

睡眠充足

保持充足良好的睡眠。孩子的睡眠充足了，胃口就会好，而且也有利于对食物的消化和吸收。

多锻炼

豆芽菜孩子应多做扩胸、上臂提举等动作，以促进胸肌发达和胸廓的展开。另外，游泳、打乒乓球、打网球等运动也非常有益健康，有利于骨骼的健壮和胸围的发育。

防疾病

某些豆芽菜体型可能是由潜在的疾病引起的，如佝偻病、营养不良等。另外，蛔虫等肠道寄生虫，也是比较常见的导致孩子成为豆芽菜体型的元凶之一，应在医生指导下服用驱虫药，及时驱虫。

水果汤 促进食欲

材料 苹果200克，梨200克，橘子、葡萄、桂圆各适量。

做法

1 将苹果、梨、橘子、葡萄、桂圆去皮，洗净后切丁。

2 锅内加入适量水，放入切好的水果。

3 水开后小火炖半小时即可。

○营养师说功效

这些水果都有开胃消食的作用，做成汤营养更容易被孩子吸收。

黑芝麻木瓜粥 补血、促消化

材料 黑芝麻20克，大米100克，木瓜50克。

调料 冰糖适量。

做法

1 将大米和黑芝麻分别除杂、洗净；将木瓜去皮、子，洗净，切丁。

2 将大米放入锅内，加水煮25分钟。

3 加入木瓜块、冰糖、黑芝麻，煮15分钟即可。

○营养师说功效

黑芝麻有乌发、补血的功效；木瓜对消化系统有好处，能够促进消化，具有消食的作用，另外，对失眠也有很好的缓解效果。

麻酱拌茄子 护发乌发

材料 紫皮长茄子500克。

调料 芝麻酱、大蒜、盐、香油、米醋各适量。

做法

1 将茄子洗净，削去皮，切成长条，撒上盐，浸在凉水中泡去茄褐色，捞出，放碗内入蒸锅蒸熟，取出凉凉。

2 将大蒜剥去蒜衣，洗净，用刀拍碎，放一点盐，捣成蒜泥。

3 将芝麻酱放小碗内，放凉白开搅拌成稀糊状时，再加入盐、蒜泥、香油、米醋拌匀，均匀地浇在凉凉的茄条上，拌匀即可。

○ 温馨tips

茄子切好后用淡盐水浸泡可防止其变色。

双菇烩蛋黄 益智、促进生长发育

材料 金针菇、香菇各50克，鸡蛋1个。

调料 盐、葱末、姜末、鸡汤各适量。

做法

1. 将金针菇切根，择洗干净；将香菇洗净，切块；将鸡蛋煮熟，取出蛋黄，对半切开。
2. 锅内加入水烧开，倒入金针菇、香菇，稍焯烫。
3. 另取锅，烧热放油，待油热后煸香葱末、姜末，加适量鸡汤和盐，放入金针菇、香菇和蛋黄，炖2分钟即可。

营养师说功效

蛋黄含有丰富的脂肪、蛋白质、维生素等营养物质，金针菇和香菇含有丰富的氨基酸和矿物质铁、硒，这些物质均有利于促进孩子智力发育和生长发育。

洋葱拌木耳 增强免疫力、抗流感

材料 泡发木耳150克，洋葱、甜椒各半个。

调料 花椒、盐、生抽、醋各适量。

做法

1 将洋葱、甜椒洗净切片；木耳焯烫后捞出备用；盐、生抽、醋调成味汁。

2 将花椒放热油锅内炸出香味；将木耳、洋葱、甜椒、调味汁拌匀，倒入煸香的油，再次拌匀即可。

营养师说功效

洋葱含蛋白质、膳食纤维、硒、胡萝卜素、维生素C等多种营养成分，具有较强的杀菌作用，可抵御流感病毒。木耳含有蛋白质、膳食纤维、多种维生素以及钙、磷、铁等营养成分，具有抗溃疡、提高免疫力的功能。

胡萝卜炒肉丝 益肝明目、增强免疫力

材料 胡萝卜100克，猪里脊肉50克。

调料 料酒、酱油各5克，盐、淀粉各2克，葱末、姜末各3克。

做法

1 将胡萝卜洗净，去皮，切丝；将里脊肉洗净，切丝，用酱油、淀粉抓匀腌渍10分钟。

2 锅内放油，爆香葱末、姜末，倒入肉丝翻炒，加入料酒、酱油继续翻炒至熟时，倒入胡萝卜丝、盐炒匀即可。

○营养师说功效

猪里脊肉可以补充维生素A、铁，胡萝卜含有丰富的胡萝卜素。胡萝卜素是脂溶性营养素，和肉类结合能充分转化成维生素A。

红薯鸡蛋饼 明目、强体

材料 红薯100克，鸡蛋1个，面粉20克。

做法

1 将红薯洗净，去皮，切丁；将鸡蛋打散，加入面粉和适量清水，搅拌均匀制成面糊，把红薯丁加进面糊里。

2 平底锅加热，刷上一层植物油，待油烧至五成热时，倒进面糊，小火煎至两面金黄即可。

○温馨tips

红薯要切小丁，大小最好均匀，这样比较容易熟。

南瓜双色花卷 助消化、促进生长发育

材料 面粉400克，南瓜100克，酵母适量。

做法

1 南瓜洗净，去皮除子，蒸熟后碾成泥；将面粉和酵母放入盆中，先不加水，用南瓜泥直接和面，视面的软硬程度再考虑是否加水。将面团揉匀后静置发酵。

2 用另外一个盆和原色面团。待面团醒发后将南瓜面团、原色面团分别揉长条，并分别擀成面皮；在南瓜面皮上刷一层油，将原色面皮放在上面，在原色面皮上刷一层油，对折，切成均匀的小块。

3 在每个面块上划一刀，不要划断；用手拉起两端，拉长扭成麻花状，在手中打个结，做成花团状。

4 将所有的花卷坯做好，醒10分钟后放入蒸锅，大火蒸至水开后，改小火蒸18分钟；关火后虚蒸2分钟后，打开锅盖，取出凉凉食用。

○温馨tips

和面用的水的温度以35℃左右为宜，温度太高会使酵母失去活性。

乌龙面蒸蛋 增强免疫力

材料 乌龙面50克，菠菜、胡萝卜各20克，香菇1朵，鸡蛋1个。

调料 高汤、盐各适量。

做法

1 将乌龙面用热水烫过，拨散后，切成小段；菠菜洗净，用水煮熟后挤干水分，切碎；将香菇去蒂，切碎；将胡萝卜洗净，去皮，切碎。

2 将鸡蛋在盆中打散，加入高汤和盐搅拌均匀。

3 将乌龙面、香菇、菠菜、胡萝卜放入容器中，将搅匀的蛋汁过滤后倒入，用蒸笼蒸约10分钟即可。

营养师说功效

此面易于消化吸收，且含有香菇、鸡蛋等营养丰富的食物，有助于平衡营养，增强宝宝免疫力。

甘蔗汁 提高免疫力

材料 甘蔗500克。

做法

1 甘蔗去皮，切小段，放入砂锅内，加水煎煮。

2 用滤网过滤，取汁食用即可。

○营养师说功效

甘蔗有清热解毒的功效，能宣散风热，对患有水痘的孩子有良好的辅助调养功效。

黑芝麻核桃粥 健脑益智

材料 黑芝麻30克，核桃仁3颗，糙米60克。

做法

1 将核桃仁洗净，切碎；将糙米洗净后用水泡30分钟，使其软化易煮。

2 将核桃碎、黑芝麻连同泡好的糙米一起入锅煮至熟烂即可。

○温馨tips

核桃仁不用去外皮，核桃皮营养很丰富。

南瓜胡萝卜汁 增强抵抗力

材料 南瓜150克，胡萝卜100克。

做法

1 将南瓜洗净，去瓤，切小块，放蒸锅内蒸熟后去皮，凉凉备用；将胡萝卜洗净，去皮，切小块。

2 将南瓜、胡萝卜放入果汁机中，加入适量饮用水搅打即可。

○温馨tips

皮肤干燥、抵抗力差的宝宝应该多食胡萝卜。

萝卜拌鸡丝 增强体力、强壮身体

材料 熟鸡肉20克，胡萝卜、白萝卜各50克。

调料 酱油适量。

做法

1 将熟鸡肉撕成细丝；胡萝卜、白萝卜洗净，去皮，煮熟后切成细丝。

2 把上述材料拌在一起，加入酱油调味即可。

○营养师说功效

鸡肉富含蛋白质，且容易被人体吸收利用，有增强体力、强壮身体的作用，再搭配有“小人参”之称的胡萝卜、白萝卜，营养非常全面。

海苔卷 均衡营养

材料 米饭100克，菠菜、黄瓜各20克，柴鱼、三文鱼各10克，海苔10克。

调料 酱油、沙拉酱各少许。

做法

1 菠菜择洗干净，煮过后挤干水分，切段备用；将三文鱼、柴鱼用沙拉酱和酱油拌匀；将黄瓜洗净，切成细条。

2 将切成适当大小的海苔分成两半，先放上一半量的米饭，再分别放入步骤1的材料，将海苔卷紧，切成容易食用的大小即可。

营养师说功效

可以常给宝宝吃一些海苔。因为海苔中维生素A、B族维生素、铁、钙、碘等营养素含量丰富。

鸡肉番茄奶酪蛋卷 促进骨骼生长

材料 鸡蛋2个，鸡肉50克，番茄80克，奶酪2片。

调料 盐3克。

做法

1 将鸡蛋磕入碗中打成蛋液，调入适量的盐充分拌匀；将鸡肉切成丝；将奶酪切成丝；将番茄洗净，去皮，切丁。

2 锅中烧热油，先倒入鸡丝和番茄丁翻炒，待炒软后盛出；平底锅置火上，倒入油烧热，倒入蛋液，摊成蛋饼。

3 当蛋饼的底部刚开始凝固，而表面仍有未凝固的蛋液时平铺上炒好的鸡丝番茄、奶酪丝，然后马上用铲子或者筷子将蛋饼卷成卷。

4 关火，用余温将蛋卷两面再煎一会儿，确保里面的蛋液完全凝固后，盛出切段即可。

温馨tips

1. 不能等蛋饼完全凝固后再铺原料，否则很难卷成卷，不易成形。
2. 要用小火或中小火烹饪，不然容易焦煳。

鸭血豆腐汤 补血、排毒

材料 豆腐、鸭血各1小块，小白菜20克。

调料 香油少许。

做法

1 将小白菜洗净，沸水焯过，捞出切碎；将鸭血、豆腐洗净切块。

2 砂锅内放适量清水，将鸭血块、豆腐块放入煮沸。

3 待鸭血、豆腐快熟时，加入小白菜碎，出锅前滴入适量香油即可。

○营养师说功效

鸭血富含蛋白质、铁、锌等，其中铁的利用率达12%，可作为宝宝补血的食材之一。同时它还有清洁血液、解毒的功效，帮助宝宝排出体内的重金属如铅、汞等。

花生红豆汤 补血、利尿除湿

材料 红豆30克，花生米50克。

调料 糖桂花5克。

做法

1 将红豆与花生米洗净，用清水浸泡2小时。

2 将泡好的红豆与花生米连同清水一并放入锅中，开大火煮沸。

3 转小火煮1小时，放入糖桂花搅匀即可。

○营养师说功效

红豆内含有较多的皂角苷，可刺激肠道，有良好的利尿除湿功效；花生米营养丰富，有补血的效果。两者搭配具有补血、利尿的作用。

木耳炒肉片 排毒、乌发、补血

材料 水发木耳80克，猪瘦肉100克。

调料 葱段、姜片各5克，盐2克，水淀粉15克。

做法

1 将木耳洗净，切小片；将猪瘦肉洗净切片，加少许水淀粉拌匀。

2 锅置火上，放油烧至八成热，下入肉片滑炒至变色时盛出。

3 锅内留少许油，放入姜片、葱段、木耳，炒至快熟时，加入肉片，调入盐，用中火炒匀，用水淀粉勾芡即可。

温馨tips

水淀粉要薄一些，不要过厚过多，否则烹炒的时候容易粘锅。

第五章

7~12岁，摄取更多的营养素

《中国居民膳食指南》建议：7～9岁男孩每天需要的热量为1700~2000千卡，女孩为1550~1900千卡；10~12岁男孩为2100~2400千卡，女孩为1900~2100千卡。蛋白质的需要量随活动能力的增强和肌肉不断发育而增多，7～9岁为每日40~45克，10～12岁为每日50~70克。7~12岁的孩子骨骼生长迅速，对矿物质尤其是钙的需求量很大，必须充分供给。脂肪摄入量不宜过高，其所供热量占总热量的25%～30%。如果此时儿童营养供给不足，会出现易疲劳、发育迟缓、抵抗力下降等症状，所以应根据孩子的生长特点合理安排饮食。

让孩子健康活泼，吃好一日三餐

孩子处于7～12岁的年龄段，独立性逐渐增强，可以接受成人的饮食。男孩的食量相当于爸爸的，女孩的食量相当于妈妈的。在日常饮食方面，往往被认为和成人一样，其实他们仍然应得到多方面的呵护。

此时是孩子体格和智力发育的关键时期，每年的体重增加2～2.5千克，身高增加4～7.5厘米，所以孩子的一日三餐尤为重要，既要美味可口，又要营养全面。

孩子应建立适应其生理需要的饮食行为，一日三餐定时吃，两餐间隔4～6小时。三餐比例要适宜，正餐不应以糕点、甜食等取代主食。

○早餐应吃饱、吃好

对于小学生来说，早餐是一天中最重要的一顿饭，约占全天营养的30%。凡是能够坚持每天吃好、吃饱早饭的小学生，其体形和生长发育都比较好，身体也健壮，上课时精力充沛，学习效率也高。

早餐应该重视质量而不是数量，除了要提供产热快的淀粉类食物外，还要提供饱腹感强、不容易产生饥饿感的蛋白质饮食，如五香牛肉、煮鸡蛋、拌豆腐干、肉包、牛奶等，还可增加含维生素的水果。早餐食欲较差，因此安排时要尽可能注意色、香、味、形，使其更具吸引力。

○午餐需合理搭配

小学生的午餐热量应占全天营养的40%。午餐要有肉食与豆制品搭配的副食，以提高蛋白质的摄入。每周吃1～2次鱼类、1次动物内脏；每天保证有动物性食品（肉、蛋类）、绿色和深绿色的蔬菜，增加虾皮、海带、紫菜、菌类以及排骨（炖时加少量醋，以促使钙的溶解）的摄入。主食应粗细搭配，豆谷类搭配，使8种人体必需氨基酸种类齐全，做到蛋白质互补。力求食物品种多样化，一周内饭菜花样尽量不要重复。

○ 晚餐要容易消化

由于小学生晚上多在8～9点钟才能休息，因此，晚餐的热量比例应不少于30%，与早餐的热量相等。晚餐内容包括主食、肉、菜、粥或汤类，以达到干稀搭配、荤素搭配，但要防止过于油腻，既要营养丰富，又要容易消化。

○ 控制好体重

孩子跨入小学的门槛后，功课、才艺学习占用了很多时间，生活中大多都是少动多坐，活动量比起幼儿要少很多。若平时饮食不合理，小学阶段的孩子很容易变成小胖墩儿。因此，父母除了注意孩子的饮食搭配外，还要多鼓励孩子多运动，最好的办法就是与孩子一起运动，这样才能使孩子避免肥胖。

早餐是孩子的活力之源

营养学家认为，早餐是非常重要的一餐，早餐摄取了足够的热量，孩子才能在一整天里保持较好的状态。

早餐对孩子的重要性

从入睡到起床，是孩子一天中禁食最长的一段时间，如无早餐供给血糖，孩子就会感到疲劳，反应迟钝，注意力不集中，精神萎靡，从而导致学习落后。

营养学家研究发现，不吃早餐导致的热量和营养素摄入的不足，很难从午餐和晚餐中得到充分补充。所以，每天都应让孩子吃早餐，并且要吃好早餐，以保证摄入充足的热量和营养素。

不吃早餐危害大

影响上午的学习

小学生还处于长身体的阶段，不吃早餐会对其体格发育有所影响，上课会出现注意力不集中、疲劳的现象，学习效率明显下降，情绪低落，甚至诱发低血糖，出现头晕、无力等症状。

皮肤变差、营养不良、贫血

不吃早餐，会导致孩子皮肤干燥、贫血等，严重时还会造成营养缺乏症，如营养不良、缺铁性贫血等。

容易引发胆囊炎和结石

孩子在空腹时体内胆汁中胆固醇的浓度特别高，在正常吃早餐的情况下，胆囊收缩，胆固醇随着胆汁排出；如果不吃早餐，胆囊不收缩，时间久了就容易产生结石。

容易引发便秘

不吃早餐会使孩子对食物的摄取量下降，导致膳食纤维摄取量不足，从而引发便秘。

降低免疫力

孩子长期不吃早餐会引起代谢紊乱。为获得热量，身体就会发出指令，让甲状腺、脑垂体等腺体分泌激素，造成甲状腺功能亢进，使机体处于负平衡状态，体质也会随之下降，造成免疫力降低。

容易发胖

孩子不吃早餐，午餐自然就会吃得多，身体消化吸收不好，最容易形成皮下脂肪，进而发胖。

安排好孩子的早餐

1 主食应该采用谷类食物。如馒头、包子、面条、烤饼、面包、花卷、饼干、粥等，要注意粗细搭配、干稀搭配。

2 荤素搭配。早餐应该包括奶及奶制品、蛋、鱼、肉、大豆及豆制品，还应安排一定量的蔬菜。

3 牛奶加鸡蛋不是理想早餐。牛奶和鸡蛋都富含蛋白质，但两者搭配碳水化合物含量较少。在给孩子牛奶加鸡蛋的同时，必须加馒头、面包、饼干等食物，这样才能保证营养平衡。

如何让孩子吃好晚餐

○ 时间要早

进食晚餐的最佳时间是18点左右，最晚也不要超过20点。如果晚餐吃得太晚，排尿高峰便在凌晨零点以后，此时孩子睡得正香，高浓度的钙盐与尿液在尿道中滞留，与尿酸结合生成草酸钙，当其浓度较高时，在正常体温下可析出结晶并沉淀、积聚，形成结石。因此，应尽早进晚餐，使进食后的排泄高峰提前。

○ 不宜过饱

吃得过饱，鼓胀的胃肠对周围器官造成压迫，胃、肠、肝、胆、胰等负担增大，会产生相应信息传给大脑，使大脑相应部位的细胞活跃起来，导致睡觉时多梦，使孩子在第二天感到疲劳，时间长了会引起神经衰弱等。

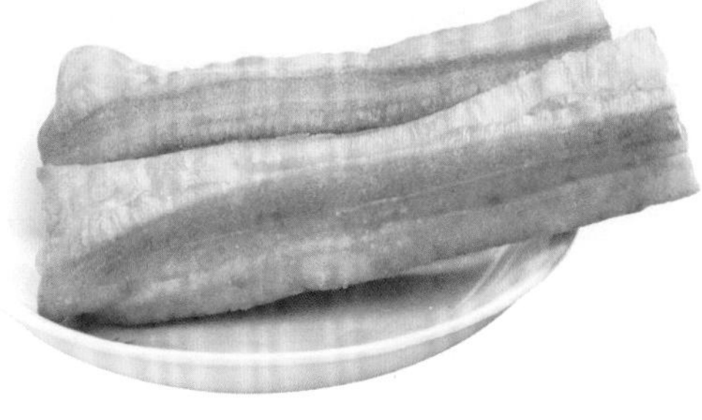

晚餐最好不要给孩子吃过多油腻的食物，此类食物不宜消化，会加重胃肠负担，进而影响孩子睡眠

○ 清淡为主

晚餐可以蔬菜为主，主食要适量减少，适当吃些粗粮，同时少吃一些脂肪含量低的肉类，甜点、油炸食品尽量不要吃。如果晚餐吃大量的肉、蛋等食品，会使尿中钙量增加，导致体内的钙储存量减少；另外，尿中钙浓度高，患尿路结石的可能性会大大提高。蛋白质摄入过多，身体吸收不了，就会滞留于肠道中，产生氨、吲哚、硫化氢等物质，刺激肠壁诱发癌症。

○ 低热量、低脂肪、多碳水化合物

晚餐后孩子的活动量较小，饭后3～5小时会进入睡眠状态，如果晚餐的热量过高，这些热量消耗不掉就会储存在体内，时间长了易造成肥胖，危害身体健康。另外，晚餐的热量应主要由碳水化合物供给，碳水化合物可在孩子体内生成更多的血清素，发挥镇静安神的作用，促进睡眠。

鸡蛋大虾沙拉 健骨增高

材料 熟鸡蛋1个，大虾80克，西蓝花50克，白芝麻少许。

调料 盐2克，蛋黄酱少许，鲜奶油20克，胡椒3克。

做法

1 将大虾去虾线，洗净，入沸水中煮熟后捞出，沥干。

2 将熟鸡蛋剥开，切成4份；将西蓝花洗净，掰小朵，用淡盐水浸泡片刻后再用热水焯烫一下，捞出。

3 将蛋黄酱、鲜奶油、白芝麻、盐、胡椒混合，制成调味汁。

4 将鸡蛋、大虾、西蓝花放入碗中，浇上调味汁即可。

营养师说功效

鸡蛋大虾沙拉可以补充钙质，强壮孩子骨骼，健骨增高。

奶汁娃娃菜 生津止渴、清热解毒

材料 娃娃菜200克，牛奶适量。

调料 葱花、盐、水淀粉各适量。

做法

1 将娃娃菜择洗干净，纵向剖开，切成10瓣左右。

2 炒锅置火上烧热，倒入植物油，炒香葱花，放入娃娃菜，淋入适量牛奶烧开，加盐调味，用水淀粉勾芡即可。

温馨tips

做这道菜也可以先放牛奶，待牛奶煮沸后再加入娃娃菜。

豆豉牛肉 健脾开胃

材料 牛肉150克，豆豉15克。

调料 鸡汤30克，酱油3克。

做法

1 将牛肉洗净，切成碎末；将豆豉用匙压碎，加入少许水拌匀。

2 锅置火上，放油烧热，下入牛肉末煸炒片刻，再下入碎豆豉、鸡汤和酱油，搅拌均匀即可。

温馨tips

豆豉、鸡汤、酱油中都含有盐分，所以三者不要放太多，以免味道过咸。

五香豆腐干 促进骨骼发育

材料 豆腐干300克。

调料 姜末、葱段各8克，糖色、香油、五香粉、八角、白糖各3克，鲜汤适量。

做法

1 锅置火上，放入植物油，加入姜末、葱段炒香，加鲜汤、豆腐干、五香粉、八角、糖色、白糖，改用小火慢慢收汁，熬至汤汁浓稠。

2 当豆腐干内部入味后，捞出豆腐干，加入香油拌匀，切片装盘即可。

营养师说功效

豆腐干中富含优质蛋白质，且富含骨骼发育所需要的钙，可促进孩子成长。

黄豆饭 促进神经发育

材料 黄豆20克，大米100克。

做法

1 将黄豆放入水里泡10小时；将大米用清水洗2遍。

2 将洗净的大米倒入电饭锅里，放入黄豆，加入适量的热水。

3 盖上锅盖，按下“煮饭”按钮，按钮跳起，再闷10~20分钟即可。

温馨tips

黄豆一定要提前泡好，否则煮出来的黄豆硬硬的，难以下咽。

鸡蛋拌菜 健脑益智

材料 鸡蛋2个，玉米粒50克，黄瓜半根， 苹果100克，甜杏仁30克。

调料 柠檬汁5克，橄榄油、盐各3克。

做法

1 鸡蛋入冷水中煮熟，捞出过凉，剥壳，每个鸡蛋切成四瓣；将黄瓜洗净，切薄片；将苹果洗净，去皮、去核，切小块；将玉米粒洗净，焯熟，沥干水分。

2 将柠檬汁、橄榄油、盐放入小碗中，调成汁备用。

3 将鸡蛋块、黄瓜片、苹果块、玉米粒放入容器中，淋入调好的汁，撒上甜杏仁拌匀即可。

营养师说功效

这道鸡蛋拌菜很适合小朋友们吃，因为鸡蛋中的蛋白质和卵磷脂可促进宝宝的大脑发育，玉米中的叶黄素可以保护宝宝的眼睛不受强光的损害，苹果中的维生素C可以提高宝宝的免疫力，甜杏仁中的维生素E和黄瓜中的水分可以使孩子的皮肤更水嫩。

红糖三角包 补血

材料 面粉300克，酵母粉4克，熟面粉20克，红糖20克。

调料 香油3克。

做法

1 酵母粉加适量温水化开。

2 面粉加酵母水和适量温水拌匀，揉成面团，醒发至原体积2倍大。

3 将面团搓条，下剂子，擀成皮；将红糖加熟面粉拌匀，再加香油制成馅料。

4 将馅料包入皮中，做成三角形包子生坯，醒发后上笼，中火蒸15分钟即熟。

温馨tips

做馅料时，加入熟面粉和香油，这样三角包熟后红糖汁就不会溢出了。

清爽三丝 清热解毒

材料 绿豆芽250克，黄瓜、胡萝卜各100克。

调料 白糖、盐、醋、香油各适量。

做法

1 将绿豆芽洗净，将胡萝卜、黄瓜分别洗净，切丝。

2 将绿豆芽、胡萝卜丝、黄瓜丝入沸水锅焯烫，捞出沥干水分。

3 在三丝中加白糖、盐、醋、香油，拌匀即可。

温馨tips

烹调时香油、盐不宜放得太多，要尽量保持清淡的口味和爽口的特点。

五彩拼盘 提高抵抗力

材料 豆腐干200克，白菜150克，黄瓜1根，海带丝、胡萝卜、粉皮、猪里脊肉各50克。

调料 香菜段15克，盐3克，香油、醋、生抽、葱花、姜丝各适量。

做法

1 将猪里脊洗净，切成末；将豆腐干切细丝；将白菜、胡萝卜、黄瓜分别洗净，切细丝；将海带丝洗净，用剪刀剪成合适长度；将粉皮洗净。

2 锅置火上，倒入植物油烧至六成热，放入葱花、姜丝、生抽爆香，放入肉末翻炒，加少量水，然后翻炒至熟，盛出备用；另将盐、生抽、香油、醋放入碗中，调成汁备用。

3 将豆腐干丝、白菜丝、海带丝、胡萝卜丝、黄瓜丝分别绕盘码放一圈，粉皮放在正中，将炒好的肉末倒在上边，撒上香菜段，淋入调好的汁即可。

营养师说功效

这道色彩艳丽的五色拼盘不只是卖相好，且荤素搭配、营养均衡，富含维生素C的白菜、富含胡萝卜素的胡萝卜、富含B族维生素的猪肉、矿物质丰富的海带、蛋白质丰富的豆腐干等——可以提高孩子的抵抗力。

蓝莓酱核桃块 补脑健脑

材料 核桃仁50克，魔芋粉1.5克。

调料 蓝莓酱适量。

做法

1 将核桃仁洗净，提前泡透；将蓝莓酱用水稀释一下。

2 将核桃仁放入搅拌机，加水打成核桃露。

3 核桃露中加入魔芋粉，拌匀，放入锅中加热、煮沸。

4 倒入模具定形后，切块，淋上蓝莓酱即可。

营养师说功效

核桃含有优质蛋白质、锌，具有补脑的功效，再配以酸酸甜甜的蓝莓酱，孩子一定很喜欢。

蟹味鸡蛋 提高记忆力

材料 鸡蛋2个。

调料 醋6克，料酒5克，姜末、葱末、盐各3克。

做法

1 将鸡蛋打入碗中，分开蛋黄和蛋清，各放少许盐搅打均匀。

2 锅置火上，倒油烧热，下入蛋黄炒熟盛出。

3 原锅放少许油烧热，爆香姜末、葱末，加料酒、醋炒匀，倒入蛋清稍炒。

4 再放入蛋黄，炒至水汽渐干、发亮即可。

营养师说功效

鸡蛋中富含优质蛋白质和卵磷脂，常吃可以帮助孩子健脑益智，提高记忆力。

白萝卜羊肉蒸饺 强身健体

材料 面粉200克，白萝卜100克，羊肉100克。

调料 葱末10克，花椒水20克，盐、生抽各3克，胡椒粉少许，香油适量。

做法

1 将白萝卜洗净，去皮，擦丝，用开水烫过，过冷水后挤去水分，加生抽拌匀。

2 将羊肉洗净，剁成泥，加生抽、花椒水、盐、胡椒粉，顺向搅拌成糊；羊肉糊中加白萝卜丝、葱末、香油拌匀，制成馅料。

3 将面粉加适量热水搅匀，揉成烫面面团；取烫面面团搓条，下剂子，擀成饺子皮；取一张饺子皮，包入馅料，捏紧成饺子生坯。

4 将饺子生坯放沸水蒸笼中，大火蒸熟即可。

温馨tips

由于羊肉有膻味，在其中加点花椒水、胡椒粉有去膻的作用。

水果豆腐 保护脑神经、提高免疫力

材料 嫩豆腐100克，橘子8瓣，香蕉、番茄各30克。

做法

1 将豆腐倒入开水中煮熟，捞出；将香蕉洗净，去皮，切块；将番茄洗净，去皮切碎；取橘子瓣切碎。

2 将豆腐、香蕉、橘子、番茄倒入碗中，拌匀即可。

营养师说功效

豆腐中的优质蛋白质有增强体质、提高记忆力的功效；橘子、香蕉、番茄等蔬果中富含维生素C，能提高人体免疫力。这道菜可以促进孩子身体、智力的发育，非常适合孩子食用。

香菇疙瘩汤 养脾胃、平哮喘

材料 面粉100克，香菇50克，鸡蛋1个，虾仁、菠菜各20克。

调料 盐2克，高汤适量，香油少许。

做法

1 将虾仁去虾线，洗净，切碎；鸡蛋取蛋清，与面粉、适量清水和成面团，揉匀，擀成薄片，切成小丁，撒入少许面粉，搓成小球；将蛋黄打成蛋液；将菠菜洗净，焯水，切段；香菇洗净，去蒂，切丁。

2 锅中放高汤、虾仁碎、面球煮熟，加蛋黄液、盐、香菇丁、菠菜段煮熟，最后淋香油即可。

营养师说功效

这款汤色彩丰富，滋味鲜美，营养全面。香菇可健脾胃，益气补虚；菠菜和胡萝卜均富含胡萝卜素，可以保护呼吸道黏膜。

下篇

神奇的特效营养食谱，守护孩子的健康

第一章

特效功能食谱，
让孩子长得壮

第二章

益智助学食谱，
让孩子变得更聪明

第三章

缓解小症状食谱，
让小病远离孩子

第一章

特效功能食谱，让孩子长得壮

0~12岁是孩子处于不断生长发育的阶段，对营养素的需求量较大，但其消化功能尚未完全成熟，易发生各种营养不良，科学地选择适合他们的食物有助于增高、益智、强身健体。

强壮骨骼

○ 摄入足量的钙

钙是骨质生成的必需材料，是人体含量最多的矿物质元素，孩子骨骼、牙齿的健康与钙密切相关。所以，饮食必须保证钙的充足，建议儿童每日摄入600~800 毫克的钙。而青少年时期每天钙的摄入量则应该保证800~1000毫克。

600毫克钙 = 

600克牛奶

800毫克钙 = 

250克河虾

○ 补钙的最佳食材

补钙和预防缺钙的最好方法是每天喝一杯牛奶。另外，虾皮、鸡蛋、豆制品、芝麻酱、紫菜、海带、牡蛎、动物骨头当中也富含钙质。另外，补钙时少吃或错开时间吃含草酸的食物，如菠菜，否则草酸与钙结合成草酸钙，容易形成结石，不利于钙质的吸收。

○ 孩子每天应吃5类食物

食物	理由
米饭、馒头、面条、玉米、红薯等主食	主要提供碳水化合物、蛋白质和B族维生素
肉类、鱼虾类、蛋类、奶及奶制品	主要提供蛋白质、脂肪、矿物质
大豆及其制品	主要提供蛋白质、脂肪、矿物质、膳食纤维和B族维生素
新鲜水果、蔬菜	主要提供膳食纤维、矿物质、维生素C等营养素
食用油、糖（不可过多）	提供热量、维生素E

○ 食物巧搭配，补钙效果好

含钙高的食物最好和含优质蛋白质或维生素C、维生素D的食物搭配食用，有助于钙质吸收，也能将钙固着在骨骼中。

○ 补充维生素D可以促进钙的吸收

适当补充维生素D能促进钙质的吸收。如果缺乏维生素D，钙的吸收只有10%。维生素D很大一部分来源于人体自身皮肤的合成，在合成过程中阳光中的紫外线起到了很大的作用。

如果每天至少能晒2次太阳，每次10~15分钟，再摄入适量的含钙丰富的食物，就不必担心孩子缺乏维生素D了。

○ 让孩子远离垃圾食品

垃圾食品热量很高，而且会影响孩子对其他营养物质的吸收，不利于孩子骨骼的健康发育。

孩子多吃蔬菜和水果，补充维生素C，可以促进钙质吸收，有利于孩子强壮骨骼

鲫鱼豆腐汤 补钙、养血

材料 鲫鱼1条，豆腐150克。

调料 香菜段、姜片、盐、香油各适量。

做法

1 将豆腐洗净，切成小块，用盐水浸渍5分钟，沥干备用。

2 将鲫鱼宰杀，处理干净，在鱼身两面各划三刀，沥干水分。

3 锅置火上，倒入植物油烧热，爆香姜片，放入鲫鱼，待鱼两面煎黄后加适量水，大火烧开后转小火炖25分钟，再放入豆腐块，加盐调味，撒上香菜段，淋香油即可。

温馨tips

炖鱼汤最好用开水，这样炖出来的汤颜色更白，味道也更好。

肉末蛋羹 强壮骨骼、健脑益智

材料 鸡蛋1个，猪瘦肉25克。

调料 酱油少量。

做法

1 将鸡蛋洗净，磕入碗中打散，加适量清水搅拌均匀，放入蒸锅内，水开后蒸8分钟，取出。

2 将猪瘦肉洗净，剁成肉末；炒锅置火上烧热，倒入适量植物油，放入肉末煸熟，淋入少量酱油翻炒均匀，盛在蒸好的蛋羹上即可。

温馨tips

鸡蛋加水的比例可根据自己的喜好调整，一般鸡蛋和水的比例为1:1.5，这样口感比较软嫩。

薏米牛奶粥 补钙、祛湿

材料 薏米100克，牛奶250克。

做法

1 将薏米淘洗干净，用水泡4小时。

2 将泡好的薏米倒入带有定时功能的电饭煲中，加入足量的清水，设定好煮粥的时间。

3 待薏米煮至软烂，盛出，控水，倒入牛奶搅匀即可。

温馨tips

也可以将薏米煮至软烂后，起锅前倒入牛奶，略煮且搅拌均匀。

鸡肉虾仁馄饨 强筋健骨

材料 馄饨皮250克，鸡胸肉150克，虾仁50克。

调料 香菜末、榨菜末各10克，葱末、姜末、白糖各5克，花椒水20克，盐2克，生抽10克，胡椒粉、鸡汤、香油各适量。

做法

1 将鸡胸肉洗净，剁成泥；虾仁洗净，切丁。鸡胸肉中加虾仁丁、花椒水、白糖、盐顺搅成糊，加葱末、姜末、生抽、香油调匀，制成馅料。

2 取馄饨皮，包入馅料，制成鸡肉虾仁馄饨生坯。

3 另起锅，加清水烧开，下入馄饨生坯煮熟，然后用漏勺捞入碗中。锅中加鸡汤烧开，加胡椒粉、香菜末、榨菜末、盐、香油调味，浇在馄饨上拌匀即可。

温馨tips

馄饨包好后，可以放入冰箱冷冻一下，冷冻后馄饨不容易粘连。

增高

○如何判定孩子是否矮小或生长缓慢

通常用标准差法和身高百分位法来判断是否身材矮小，即儿童身高低于同年龄、同性别、同地区、同民族正常儿童身高标准的第3百分位或2个标准差，就需要咨询医生，寻找原因了。当然，还可通过身高生长曲线来判断，若身高低于同年龄、同性别正常儿童身高标准的第3百分位或2个标准差，也需要咨询医生。或可按公式：身高（厘米）=年龄×7+70（厘米）计算（2岁以上到青春期可用此公式），若孩子身高低于此计算结果10厘米可判断为矮小。

而生长速率则是判断生长迟缓的另一指标。生长速率即每年身高增长值(厘米/年)，身高增长速率低于相应年龄儿童正常速率为生长迟缓。一般2岁以下，生长速率<7厘米/年；4.5岁至青春期开始，生长速率<5厘米/年以及青春期生长速率<6厘米/年均为生长迟缓。需要进一步寻找原因。

○蛋白质必不可少

蛋白质对孩子的成长发育来说十分重要，高质量的蛋白质不仅能保证孩子的健康，且有助于消化。牛奶、鸡蛋等食物中含有大量优质蛋白质，最好每天都吃，同时还可吃些鱼、肉、豆类等富含蛋白质的食物。

○补充脂肪很必要

有些人认为油脂类不易消化，易引起腹泻，因而不敢多给孩子吃。但是，这样反而会影响孩子正常的生长发育，甚至为以后的健康埋下祸根。

脂肪是人体必需的营养物质，是热量的主要来源。而且，脂肪是脂溶性维生素的良好溶剂，可以促进它们的吸收。脂肪还能增加菜肴的味道，产生特殊的香味，促进孩子的食欲。

可以让孩子适当摄入脂肪，较好的来源有黄豆、芝麻、核桃、花生、橄榄油等。

鸡蛋中含有孩子生长所需的优质蛋白质、钙、磷、铁等营养素，1岁以上的孩子最好每天保证吃1个鸡蛋，并且最好是蒸食或煮食

○有益增高的饮食习惯

不挑食

人的长高过程有两个高峰期：一个是儿童时期，另一个是青春期，这两个增长高峰营养是基础，要给孩子多吃些富含各类营养的食物。富含优质蛋白质的食物，如鱼、虾、瘦肉、禽蛋、花生、豆制品、牛奶等；富含钙的食物，如牛奶、虾皮、豆制品、排骨、芝麻酱、海带、紫菜等；富含锌的食物，如牡蛎、牛肉、羊肉、动物肝脏等。

睡前补钙

饮料可以选择牛奶，可以补钙。如果是偏胖的孩子，建议选择脱脂或低脂牛奶。晚上失眠喝些还可以改善睡眠。

不要错过快速生长期

大多数中国汉族儿童的身高突增高峰为女童12岁左右、男童14岁左右；90%以上女童身高增长最快的年龄在11~13岁，男童为13~15岁。为了让孩子长得高一些，家长尤其应注意在孩子快速增长期的营养问题。

○增高有效营养素

营养素	功效	食材来源
蛋白质	蛋白质是生命的基础，骨细胞的增生和肌肉、脏器的发育都离不开蛋白质。人体生长发育越快，则越需要补充蛋白质	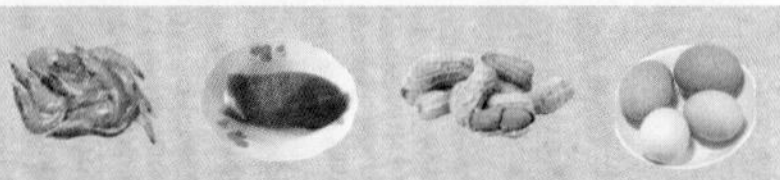 牛奶、鱼、虾、瘦肉、禽蛋、坚果、豆类及其制品
钙	钙是骨骼发育的基本原料，直接影响身高	 牛奶、芝麻、虾皮、豆制品
磷	磷参加细胞的分裂和增生，也是骨骼构成的关键元素，对骨骼成长十分重要	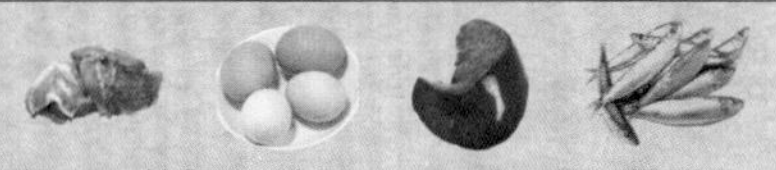 瘦肉、猪肝、鸡蛋、鱼、奶酪、坚果
维生素C	维生素C是产生人体胶原组织的必需元素，直接关系到骨骼的生长	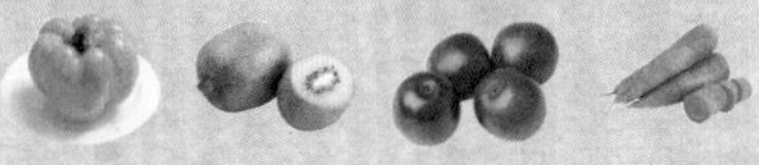 白菜、柿子椒、鲜枣、菜花、胡萝卜、猕猴桃

清炖二骨汤 壮骨增高

材料 猪骨250克，黑鱼骨250克。

调料 盐2克。

做法

1 将猪骨、黑鱼骨洗净，砸碎。

2 将猪骨和黑鱼骨放入锅中，加适量清水炖至汤呈白色且黏稠时，加盐调味即可。

营养师说功效

这道汤将猪骨和黑鱼骨结合，能补虚、补充钙质，可辅治宝宝的佝偻病。

清蒸基围虾 促进生长

材料 基围虾200克。

调料 盐2克，香菜段5克，葱末、姜末、蒜末各3克，料酒、酱油各5克，香油少许。

做法

1 将基围虾洗净，去头、去壳，用料酒、盐、葱末、姜末腌渍；蒜末加酱油、香油调成味汁。

2 将基围虾仁放入大盘中，上笼蒸15分钟，上桌前撒上香菜段、淋上调味汁即可。

营养师说功效

基围虾是一种蛋白质含量丰富的食物，其维生素A含量比较高，脂肪含量低，富含磷、钙，可促进宝宝成长。

菠萝鸡饭 促进发育

材料 熟鸡腿肉150克，芹菜、胡萝卜、洋葱各20克，菠萝50克，炸面包丁、炸花生米、煮鸡蛋各20克，米饭150克。

调料 葱段、胡椒粉、姜黄粉、番茄酱、盐各适量。

做法

1 将米饭、葱段、姜黄粉放锅中同炒；芹菜、洋葱洗净，切丁；将菠萝、胡萝卜洗净，去皮，切丁；将煮鸡蛋、鸡腿肉切丁。将菠萝丁、炸面包丁、炸花生米、煮鸡蛋丁掺入米饭中。

2 锅内倒适量油烧热，加洋葱丁略炒，再加入番茄酱、盐、胡椒粉、胡萝卜丁、熟鸡腿肉丁、芹菜丁炒匀，加入拌过的米饭炒匀即可。

营养师说功效

鸡肉中含有不饱和脂肪酸、磷脂、B族维生素等，可以强筋骨、促进孩子生长，搭配富含可增食欲、促消化的菠萝和碳水化合物含量高的米饭一起作为早餐食用，不仅可以使早餐的营养更全面，还可以提供充足的热量以供应上午的消耗。

提高免疫力

免疫力是孩子不可缺少的防御机制，营养丰富的食物可以带给孩子属于自己的防御力。妈妈可以根据孩子的身体状况，有针对性地给孩子进行食补，让孩子的身体更强健，并降低生病的概率。

○ 提高免疫力有效营养素

营养素	功效	食材来源
维生素A	能促进糖蛋白的合成，增强呼吸道上皮细胞抵抗力	 动物肝脏、鱼肝油、奶类、蛋类
维生素C	增强白细胞的战斗力，提高免疫力	 青椒、黄瓜、菜花、白菜、鲜枣、橘子
泛酸（维生素B_5）	能够合成抗体，抵抗传染病	 鸡蛋、牛奶、豌豆、蘑菇、牛心
维生素B_6	能够促进蛋白质的消化、吸收，提高蛋白质的利用率	 鸡蛋、鱼类、豆类、玉米、酵母、核桃、花生
锌	促进孩子生长发育与机体组织再生，提高身体免疫力，并参与维生素A的代谢	 牛肉、动物肝脏、蛋类、莲子、花生、黑芝麻、牡蛎
硒	能够提高人体的免疫功能，增强对疾病的抵抗能力，并增强淋巴细胞的抗癌能力	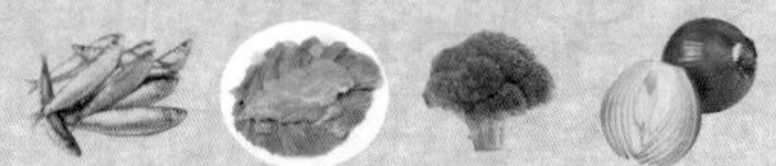 鱼类、肉类、小麦胚芽、西蓝花、洋葱

黄豆富含的大豆蛋白是一种植物性蛋白质，备受营养学家推崇。黄豆中的蛋白质含量高达35%~40%，而且黄豆中不含胆固醇，是很多动物蛋白不可比拟的，被誉为“植物蛋白之王”

○ 蛋白质不可或缺

人体抵抗力的强弱取决于抵抗疾病的抗体的多少，而蛋白质是抗体、酶、血红蛋白的构成成分。当人体缺乏蛋白质时，酶的活性就会下降，导致抗体合成减少，进而使免疫力下降，还会使儿童生长发育迟缓。

在给孩子补充蛋白质的时候，应尽量补充动物蛋白，如奶制品、瘦肉、鱼类等，这些食物中蛋白质的氨基酸比例与人体的蛋白质相似，更易被人体吸收。豆类、坚果中的蛋白质也属于优质蛋白质，可适量食用。

○ 如何增强免疫力

全面均衡地摄入营养

保持孩子健全的免疫系统，以抵抗致病的细菌和病毒。孩子的免疫力除了取决于遗传基因外，还受饮食的影响，因为有些食物的成分能够增强免疫力。这就要求全面均衡地摄入营养，人体缺少任何一种营养素都会出现这样或那样的症状或疾病。所以，营养均衡才能保证孩子的免疫力。

要重视三餐

长期不吃早餐或早餐吃不好，会使免疫力降低；午餐起到承上启下的作用，午餐吃得好，人才能精力充沛，才能有较高的工作和学习效率；晚餐不宜吃得过饱、过晚、过好，晚上人体几乎没有活动量，食物不易消化吸收，长期如此会影响身体健康。

此外，应常吃新鲜蔬菜水果，摄入充足的水分，少吃甜食，少吃油炸、熏烤食物，不偏食、不挑食。

增加运动和锻炼

无论是哪个年龄段的孩子，都应该鼓励他们多参加运动，增强体质。锻炼身体可以加快孩子的新陈代谢，提高孩子的食欲，并有助于孩子休息。

此外，充足的睡眠、和睦的家庭氛围、不随便使用抗生素，都对提高孩子的免疫力大有裨益。

西蓝花咸蛋豆腐 增强体质

材料 西蓝花200克，熟咸鸭蛋1个，鲜香菇60克，豆腐50克，牛奶适量。

调料 高汤适量。

做法

1. 将西蓝花洗净，切小朵；将香菇洗净，切块；将咸鸭蛋剥壳，切碎蛋白，碾碎蛋黄；将豆腐冲净，切块。
2. 锅中加水煮沸，加高汤、西蓝花、香菇和咸鸭蛋煮开，然后继续煮10分钟。
3. 倒入牛奶，放入豆腐，煮开即可。

营养师说功效

这道菜富含维生素A、维生素C、钙、锌等物质，能增强宝宝的免疫力，防止皮肤干燥。

番茄蛋花疙瘩汤 增强抗病能力

材料 番茄200克，鸡蛋1个，面粉100克。

调料 葱花8克，酱油5克，盐2克。

做法

1 将番茄洗净，去皮，切块；将鸡蛋磕入碗中，打散。

2 锅置火上，倒入适量植物油烧至六成热，将鸡蛋液倒入，炒散后盛出。

3 锅内留底油，放入葱花爆香，再放入番茄块翻炒至变软，加入鸡蛋、酱油、盐炒匀后加水烧开。

4 将面粉倒入碗中，慢慢加水，同时用筷子搅拌，制作成小疙瘩；将小疙瘩倒入步骤3的锅中，煮熟即可。

营养师说功效

鸡蛋中所含的蛋白质是优质蛋白质，它富含人体所需要的氨基酸，而蛋黄除富含卵磷脂外，还含有丰富的钙、磷、铁以及多种维生素，有强身健体、健脑益智的功效。维生素C丰富的番茄和碳水化合物丰富的面粉，可以提高人体免疫力。

菠菜炒猪肝 提高免疫力

材料 猪肝200克，菠菜150克。

调料 葱花、姜末、酱油、料酒、淀粉、白糖各5克，盐2克。

做法

1 将猪肝放入水中浸泡，去除血水，捞出，切片。

2 将猪肝放入碗中，加入葱花、姜末、酱油、料酒、淀粉拌匀腌渍10分钟；将菠菜择洗干净，放入沸水中焯烫一下，捞出，控水，切段。

3 锅置火上，放油烧热，放入猪肝大火炒至变色，放入菠菜稍炒，加盐、白糖炒匀即可。

○温馨tips

在猪肝腌渍过程中择洗、焯烫菠菜，可有效利用时间。

生滚鱼片粥 改善免疫功能

材料 草鱼肉50克，鸡蛋清1个，大米50克。

调料 料酒、香菜段、葱花、姜丝各5克，盐3克，淀粉10克。

做法

1 将草鱼肉洗净，切成片，放入碗中，加入鸡蛋清、盐、料酒、淀粉上浆；将大米淘洗干净。

2 锅内倒油烧热，爆香葱花、姜丝，倒入清水、料酒烧沸，下大米煮沸，用小火熬至粥稠，加入鱼片滚熟至变色，用盐调味，撒上香菜段即可。

温馨tips

草鱼肉质细，纤维短，易破碎，切时应将鱼皮朝下，刀口斜入，最好顺着鱼刺切，这样切起来干净利落。

补铁补血

铁是人体制造血液时必不可少的元素，缺铁会造成贫血和生理功能失调。孩子出生后6个月，从妈妈体内得到的铁质已经不能满足成长的需要，所以就需要有意识地在辅食中合理添加含铁食物。

○ 越细碎的食物越补血

营养学里有一种叫“要素饮食”的方法，就是将各种营养食物打成粉状，加酶预消化，进入消化道后，即使在没有消化液的情况下，也能直接吸收，这种方法在给不能吃饭的重症患者配营养液时常用到。

由此看来，消化、吸收的关键与食物的形态有很大关系，而液体的、糊状的食物因分子结构小，所以可以直接通过消化道的黏膜上皮细胞进入血液循环来滋养我们的身体。

喂养孩子的整个过程，也是这个道理。孩子出生时喝母乳、配方奶等液体食物，无须任何帮助，营养物质就能直接进入血液。孩子稍大后，添加的稀饭、烂面条、肉泥、鱼泥、菜泥，同样在进入消化道后被顺利地吸收进入血液。

所以，给身体消瘦、气色差的孩子做的食物不但要有营养，还要是糊状的、稀烂的、切碎的，这样能帮助孩子补铁补血，恢复健康，找回好气色。

○ 促进铁的利用和吸收也很重要

预防孩子的缺铁性贫血，必须选择富含铁的食物，同时还要考虑到铁的吸收和利用问题。如服硫酸亚铁、葡萄糖酸亚铁，还需维生素C，以促进铁的吸收。一般动物性食物铁的吸收率较高，而植物性食物铁的吸收率很低。

只要在食物的选择上加以重视，孩子缺铁性贫血是完全可以预防的，已经有缺血症状的儿童，做好食疗，也会很快恢复健康。

营养专家提醒

1.让孩子吃含铁食物的同时，吃一些富含维生素C的果蔬，可提高铁的吸收率。猕猴桃、橙子、草莓、芥菜、白菜、菜花、苋菜等都是适合孩子吃的维生素C含量较高的水果和蔬菜。

2.菠菜含铁量虽高，但很难被吸收，还含有草酸，容易形成沉淀，使铁不能被人体所利用，所以不要用菠菜煮水来给孩子补铁。

○ 补铁补血的最佳食材

动物肝脏

动物肝脏富含各种营养素，是预防缺铁性贫血的好选择。每100克猪肝含铁23毫克，而且也较容易被人体吸收。动物肝脏可加工成各种形式的儿童食品，如肝泥就便于孩子食用。

动物血

猪血、鸡血、鸭血等动物血液里铁的利用率为12%，如果注意清洁卫生，加工成血豆腐，对于预防儿童缺铁性贫血倒是一种价廉方便的食物。

鸡蛋黄

每100克鸡蛋黄含铁7毫克，尽管铁吸收率只有3%，但鸡蛋原料易得，食用保存方便，还富含其他营养素，所以不失为一种较好的补铁食物。

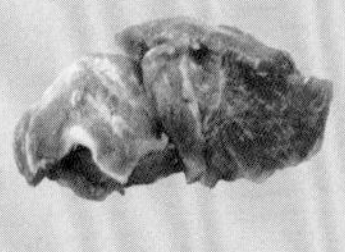

各种瘦肉

瘦肉里含铁量相对较高，且铁的利用率也高，而且购买、加工方便，孩子也喜欢吃。

黄豆及其制品

每100克的黄豆及黄豆粉中含铁8毫克，人体吸收率为7%，远较米、面中的铁吸收率高。

绿叶蔬菜

虽然植物性食物中铁的吸收率不高，但儿童每天都要吃它，所以蔬菜也是补铁的一个来源。

木耳

木耳铁的含量很高，自古以来，人们就把它作为补血佳品。

特效功能食谱推荐

猪肝瘦肉粥 补锌、补血

材料 鲜猪肝、猪瘦肉、大米各50克。

调料 盐2克。

做法

1 将猪肝、猪瘦肉洗净，剁碎，加油、盐拌匀；将大米洗净。

2 将洗好的大米放入锅中，加适量清水，煮至粥将熟时，加入拌好的猪肝、瘦肉，再煮至肉熟即可。

温馨tips

将猪肝冲洗后，放在盆内浸泡1小时，直到除净残血，中途最好换水，这样可以去掉猪肝中残留的毒素。

彩椒炒猪血 补血

材料 猪血300克，青椒80克，红椒20克。

调料 高汤20克，盐3克。

做法

1 将猪血洗净，切片，焯水；将青椒、红椒去蒂、子，切斜段。

2 锅置火上，放油烧热，爆香青椒、红椒，盛出；锅中倒油烧热，下猪血块拌炒几下，倒入高汤将猪血块焖软。

3 放入青椒、红椒翻炒，加盐调味，收干汤汁即可。

营养师说功效

猪血中富含血红素铁，血红素铁在人体的吸收利用率很高，可有效补铁补血。

油爆猪肝 预防贫血

材料 猪肝400克，鸡蛋清50克。

调料 料酒、葱丝、淀粉、酱油各5克，白糖8克，盐3克，香油1克。

做法

1 将猪肝放入水中泡30分钟，去除血水，切薄片；然后放入碗中，加盐、酱油、料酒、鸡蛋清搅拌均匀，再逐片滚上淀粉。

2 锅置火上，放油烧至八成热，将猪肝片放入锅内滑散，捞出沥油。

3 锅内留少许油烧热，下入葱丝、白糖，略炒后放入猪肝，迅速翻炒，淋上香油即可。

营养师说功效

猪肝富含各种营养素，是预防缺铁性贫血的好选择。猪肝中含有丰富的铁质和优质蛋白质，二者都是合成血红蛋白的重要原料，适量进食，有助于预防缺铁性贫血。

健脾开胃

孩子胃口不好，抵抗力会有所下降。如何让孩子吃得好、吃得香是每个妈妈都关心的问题，聪明妈妈可要在饮食上费点心思。

○健脾开胃应规律进食

规律进餐，定时定量，可形成条件反射，有助于消化腺的分泌，更利于消化。

要做到每餐食量适度，每日三餐定时，到了该吃饭的时间，不管肚子饿不饿，都应让孩子进食，避免过饥或过饱。

○巧妙刺激孩子食欲

为了刺激孩子食欲，妈妈要经常变换食物的搭配方案，将食物做成有趣可爱又方便孩子取用的形状。还可以改变孩子餐具的颜色，选择形状可爱的饭碗、小勺、小叉。

○培养孩子良好的饮食习惯

规定好用餐时间，孩子每顿饭的时间最好不要超过30分钟。过了吃饭时间要立马收拾饭桌，促进孩子养成良好的饮食习惯。同时妈妈要纠正不良的喂养习惯：避免孩子一哭闹就喂奶来哄，而不管孩子是不是肚子饿；孩子吃饱了不要硬给他吃东西；不要在孩子做其他事情时喂饭，而不顾孩子是不是愿意吃。

另外，饮食的温度应以“不烫不凉”为度。孩子吃饭的时候要让他细嚼慢咽，以减轻胃肠负担。对食物充分咀嚼，可刺激唾液分泌，对胃黏膜也有保护作用。

○多给孩子吃健脾的食物

饮食上，妈妈们要注意调剂花样，要清淡少油腻，细软易消化；可以给孩子吃些能补脾胃、助消化的食物，如山药、扁豆等；烹调时，最好把食物制作成汤、羹、糕等，尽量少吃或不吃煎、炸、烤的食物；多给孩子吃些富含胡萝卜素的食物，如胡萝卜、南瓜、橘子等，以保护呼吸道和胃肠道的黏膜免受病毒或细菌的侵袭，保护脾胃功能。

南瓜等富含胡萝卜素，具有健脾胃的作用，可以保护孩子的脾胃

○ 忌吃寒凉食物

脾胃最怕寒凉的食物，这个“寒凉”不单单指我们所说的温度冰冷的食物，还包括它的属性，像香蕉、西瓜等都是寒凉食物，孩子吃多了会影响消化、吸收。因此，脾胃不好的孩子尽量少吃水果，因为水果大多数都性质寒凉，容易伤脾胃。如果要吃，须煮着或蒸着吃。另外，像冰激凌、雪糕等也要少给孩子吃。

冰激凌等寒凉食物最好给孩子少吃，以防伤脾

○ 健脾开胃有效营养物质

	功效	食材来源
锌	体内缺乏锌会表现为食欲不振、味觉迟钝甚至丧失	 牛肉、动物肝脏、蛋类、牡蛎、坚果
消化酶	在消化系统中发挥分解作用的物质。我们摄入的各种食物只有经过消化系统的彻底分解后，才能为人体细胞提供养分，维持人体健康	 菠萝、木瓜
益生菌	促进肠道健康，调节免疫功能，预防或改善腹泻	 酸奶、奶酪

特效功能食谱推荐

山楂麦芽饮 健脾开胃

材料 山楂、炒麦芽各10克。

调料 红糖5克。

做法

1 锅内放入山楂、炒麦芽、清水，熬成100毫升的汁。

2 加上红糖调味即可。

营养师说功效

山楂所含的解脂酶有促进胃液分泌的作用，能促进脂类食物的消化。

山药羹 健脾益气、增进食欲

材料 山药100克，糯米50克，枸杞子少许。

做法

1 将山药去皮，洗净，切块；将糯米淘洗干净，放入清水中浸泡3小时，然后和山药块一起放入搅拌机中打成汁。

2 将糯米山药汁和枸杞子一起放入锅中煮成羹即可。

温馨tips

食材搅打越细碎，孩子越容易消化吸收。

牡蛎炒鸡蛋 增进食欲

材料 牡蛎肉50克，鸡蛋3个，胡萝卜2根，青椒2个。

调料 盐、料酒各适量，葱花、姜末各少许。

做法

1 将牡蛎肉用盐水浸泡，将青椒、胡萝卜洗净，切成小块备用。

2 锅中加水煮开，把牡蛎肉放进去煮1分钟，捞起备用；将鸡蛋打散，另取锅把鸡蛋炒熟，盛起备用。

3 用锅中余油大火爆香葱花、姜末后，放入胡萝卜和青椒，倒入鸡蛋和牡蛎肉同炒。

4 烹入料酒和水，加盐调味，继续翻炒一会儿即可。

营养师说功效

这道菜中富含锌，锌元素有助于改善味觉，增进食欲。

乌发护发

黑亮的头发是健康的标志，孩子头发过细、枯黄都与缺乏某种营养成分有关系。注意合理饮食和吸收全面营养是头发黑亮的基础。

○孩子头发枯黄的原因

1 甲状腺功能低下。

2 营养不良。

3 重度缺铁性贫血。

4 大病初愈。

这些原因导致孩子体内黑色素减少，使头发乌黑的基础物质缺乏，黑发逐渐变为黄褐色或淡黄色。

○孩子黄发的饮食对策

应注意调配饮食，改善孩子身体的营养状态。鸡蛋、瘦肉、黄豆、花生、核桃、黑芝麻中含有大量构成头发的主要成分胱氨酸及半胱氨酸，它们是养发护发的最佳食品。

孩子头发发黄，与给孩子喂食过多的甜食有关。应多给孩子吃些海带、紫菜、鱼、牛奶、豆制品、蛋、瘦肉、蘑菇等。此外，多吃新鲜的蔬菜和水果，有利于改善头发发黄的状态。

同时还要注意，头发黄的孩子如果还在喝奶，要喝加锌奶粉。

对于营养不良性黄发的宝宝，可以通过调配饮食改善营养状态来补救

○ 怎样吃才能乌发护发

饮食加分法则

1.让孩子合理进食，营养充分、搭配科学的饮食有利于孩子的健康成长。

2.多给孩子喂食蛋类、豆类及豆制品等富含蛋白质的食物，以促进头发健康。

3.B族维生素、维生素C含量丰富的食物，对孩子头发呈现自然光泽有不可替代的作用，妈妈们可以选择诸如水果、小米等食物给孩子食用。

4.甲状腺素能保持头发的光泽度，所以可以适当给孩子添加一些含碘元素多的食物，使得甲状腺素能正常分泌。

饮食减分法则

1.让孩子吃高脂油炸的食物。这类食物可造成头皮油腻，影响头发的正常生长。

2.常给孩子吃甜食。过食甜食会造成头发稀疏、发质脆弱易断等。

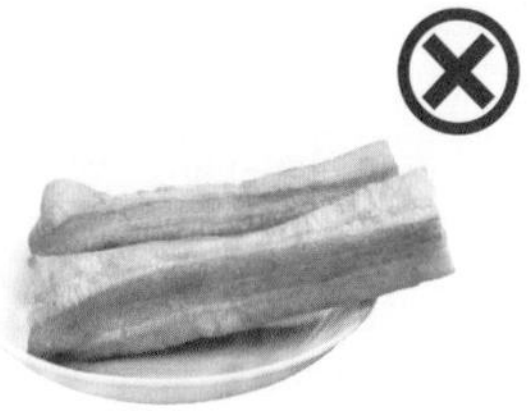

○ 乌发护发有效营养素

	功效	食材来源
优质蛋白质	营养头发	 鱼、瘦肉、牛奶、蛋类、豆类及豆制品
铜	铜是头发合成黑色素必不可少的元素	 动物肝脏、贝类、坚果和干豆类
铁	铁元素是构成血红蛋白的主要元素，而血液是养发的根本	 动物肝脏、动物全血、木耳、黄豆、樱桃

香蕉黑芝麻糊 乌发护发

材料 黑芝麻200克，香蕉2根。

做法

1 将黑芝麻去杂后，洗净，炒熟，碾碎；将香蕉剥皮，切段。

2 将上述食材倒入豆浆机中，加入适量凉白开，搅拌成糊。

3 倒入杯中搅匀即可。

营养师说功效

香蕉搭配黑芝麻，有润肠通便、补养肝肾、乌发护发的功效。

黄鱼粥 养发护发

材料 大米50克，黄鱼肉70克，胡萝卜15克。

调料 葱花、盐、香油各适量。

做法

1 将黄鱼肉去净鱼刺，切成丁；将胡萝卜洗净，去皮，切小丁；将大米淘洗干净。

2 将大米倒入锅中，加水煮成粥。

3 加入鱼肉丁、胡萝卜丁以及调料略煮，拌匀即可关火。

营养师说功效

黄鱼富含硒、蛋白质、维生素D，具有健脾胃、安神益气、养发护发、强骨的功效。

番茄炒鸡蛋 营养头发

材料 番茄250克，鸡蛋2个。

调料 葱花5克，白糖10克，盐2克。

做法

1 将鸡蛋洗净，打散。

2 将番茄洗净，去皮，切块。

3 锅置火上，放油烧热，下蛋液炒至表面焦黄，盛出。

4 锅中再次放油烧热，爆香葱花，放入番茄块翻炒；待番茄出沙， 放白糖、盐和炒好的鸡蛋，翻炒均匀即可。

温馨tips

鸡蛋“吃”油，炒出来会非常绵软，但从健康方面考虑，可以在炒完鸡蛋后将油滤去。

核桃木耳红枣粥 乌发护发

材料 木耳10克，核桃仁30克，红枣20克，大米100克。

调料 冰糖10克。

做法

1 将木耳放入温水中泡发，去蒂，除去杂质，撕成片；将大米淘洗干净；将核桃仁洗净；将红枣洗净，去核。

2 将木耳、核桃仁、大米、红枣一同放入锅中； 在锅内加入适量清水，大火烧开，转小火熬煮至木耳熟烂、粥黏稠，加入冰糖搅匀即可。

温馨tips

木耳烹调前宜用温水泡发，但是泡发后应扔掉紧缩在一起的部分。

第二章

益智助学食谱，让孩子变得更聪明

孩子的身体和大脑都处于生长发育期，并且上学的孩子每天还要用脑，需要记忆很多知识，所以家长要特别注意饮食，补充营养，让孩子的大脑在发育黄金阶段得到滋养。

让孩子头脑聪明

○ 保证孩子按时进餐

大脑依靠血中的葡萄糖供给热量，维持大脑活力。但是，人脑中储存的葡萄糖很少，只能够维持数分钟，因此，必须依靠人体的血液循环，源源不断地运输葡萄糖，而葡萄糖主要从食物中摄取，所以必须保证孩子按时进餐，才能确保血糖水平处于稳定状态。

○ 让孩子心情愉快吃晚餐

很多家长喜欢在吃晚饭的时候批评教育孩子，其实这非常不利于孩子健康。因为孩子情绪不好的时候，大脑皮质对外界环境反应的兴奋性降低，使胃肠分泌的消化液减少，胃肠蠕动减弱，从而降低对食物的消化吸收能力。这可能会使孩子没有饥饿感，吃不下食物，也可能孩子勉强吃进去了，但消化不了。

因此，家长一定要避免在孩子吃饭的时候批评责备他，要注意保持孩子愉快的进餐情绪。

父母要享受和孩子一起进餐的时光，把餐桌当作和孩子联络感情的场所，不要把吃饭时间当作批评的课堂。

○ 饮食要适度

如果孩子吃得过饱，摄入的热量就会大大超过消耗的热量，热量会转变成脂肪在体内蓄积。如果脑组织的脂肪过多，就会引起“肥胖脑”。孩子的智力与大脑沟回皱褶多少有关，大脑的沟回越明显、皱褶越多越聪明。而肥胖脑使沟回紧紧靠在一起，皱褶消失，大脑皮层呈平滑样，而且神经网络的发育也差，智力水平也会受影响。

○ 宜吃忌吃食物对对碰

明星食物

鸡蛋

蛋黄中含有卵磷脂等脑细胞必需的成分，能给大脑带来活力。

鱼

富含优质蛋白质、钙和多不饱和脂肪酸，可以刺激大脑细胞，促使脑神经发育。

花生

含有优质蛋白质、卵磷脂、维生素E等，是神经系统发育必不可少的物质。

核桃

富含赖氨酸和多不饱和脂肪酸等物质，对增进脑神经功能有重要作用。

忌吃食物

炸薯条

过氧化脂质含量很多，会影响孩子大脑的发育。

汉堡

这种菜少、饱和脂肪酸含量高、含有简单碳水化合物的食品会影响孩子认知能力的发育。

核桃鸡丁 补脑、强身健体

材料 鸡胸肉100克，熟核桃仁30克，西蓝花50克，枸杞子适量。

调料 盐少许。

做法

1 将鸡胸肉洗净，切丁，加少许盐，拌匀后腌15分钟左右；将西蓝花洗净切块，与枸杞子一起用开水焯烫备用。

2 炒锅内加少量植物油，将腌渍后的鸡丁炒熟，放入核桃仁、西蓝花、枸杞子，加盐炒匀即可。

营养师说功效

核桃富含赖氨酸、不饱和脂肪酸，有增强脑神经的功能；鸡肉富含蛋白质及多种维生素，有补血益气、强筋健骨的功效；西蓝花中富含维生素C，可以增强孩子的体质。这道菜非常适合学龄期的孩子食用。

紫菜鲈鱼卷 健脑、保护牙齿

材料 鲈鱼肉200克，紫菜1张，鸡蛋清1个。

材料 盐2克。

做法

1 将鲈鱼肉洗净，去净刺，将鱼肉剁成泥，加入鸡蛋清搅匀，再加盐调味；将紫菜平铺，均匀抹上鱼泥，卷成卷。

2 锅置火上，倒入适量水，放入鲈鱼卷隔水蒸熟即可。

营养师说功效

鱼肉中富含多不饱和脂肪酸、蛋白质等营养物质，有促进大脑生长、增强免疫力的功效；蛋清中的蛋白质能够补充孩子生长所需；紫菜富含胆碱、钙、铁、碘等，可以帮助骨骼、牙齿的生长。这道菜孩子经常食用，可以增强智力、保护牙齿。

集中注意力

注意力难以长时间集中是儿童的一个共同心理现象，年龄越小注意力就越不集中。这是因为儿童的脑神经发育系统尚不完善，大脑的控制功能还不强的缘故。

孩子注意力不容易集中的原因

1 天生注意力分散度高、反应阈值低。这类孩子对外在的很小的声音、光线等刺激的敏感度比一般儿童高，很容易受到外界刺激的干扰。

2 家庭教养方式。由于家长教育方式不当，提供太多刺激，使得孩子养成了不断转移注意力的习惯；或者由于家长要求孩子做不感兴趣或者难度太大的事情，孩子就会通过不断变换活动来回避问题以逃避大人的责骂；还有从小给孩子买太多玩具或者玩具都太简单而引不起孩子仔细研究和思考的兴趣，也可能导致孩子没有机会养成专注一件物体的习惯。

3 学习环境。如果学习环境中有很多会引起孩子分心的干扰因素，也会导致其难以专心学习。

4 .心理因素。有些孩子在不能获得别人的正面肯定的时候，就会有意地以行为来引人注意。

注意力不集中是所有孩子的共性。年龄越小，控制注意力的时间就越短。1~2岁的孩子不会超过3分钟，小学一年级的学生一次集中注意力时间最多不超过15分钟

○ 宜吃忌吃食物对对碰

明星食物

黄豆

黄豆含大脑所需的优质蛋白质，能增强脑血管功能。

黑芝麻

黑芝麻中的卵磷脂、维生素 E 有健脑的功效。

桂圆

桂圆含有磷脂和胆碱，有助于神经功能的正常发挥。

花生

花生中的磷脂可延缓脑疲劳，锌可促进儿童大脑发育。

鸡肉

鸡肉是富含铁、硒的高蛋白食物，可以增强记忆力，提高反应速度和注意力。

黄花菜

对于神经过度疲劳的人来说，应大量食用，以保护大脑神经细胞。

忌吃食物

咸菜

过食咸菜会影响脑组织的血液供应，使脑细胞长期处于缺血、缺氧状态，导致注意力下降。

巧克力

贪食巧克力会影响孩子大脑的生长发育，妨碍神经胶质的增殖，使智力减退。

如何帮助孩子提高注意力

- 利用吸引孩子注意力的事物和环境培养注意力。
- 培养孩子对事物广泛而持久的兴趣。
- 帮助孩子理解活动目的，培养有意注意力。
- 逐步培养孩子自我控制能力。
- 注意引导孩子进行观察，提高注意力。

桂圆红枣豆浆 健脑、补气养血

材料 黄豆60克，桂圆15克，红枣30克。

做法

1 将黄豆用清水浸泡8～12小时，洗净；将桂圆去壳、核；将红枣洗净，去核，切碎。

2 把上述食材一同倒入全自动豆浆机中，加水至上下水位线之间，按下“豆浆”键，煮至豆浆机提示豆浆做好即可。

营养师说功效

黄豆中的卵磷脂有健脑益智的功效，可以帮助孩子集中注意力，提高学习成绩；桂圆富含磷脂、胆碱，可以帮助神经递质的传导；红枣具有补气养血的功效。这款饮品可以帮助孩子提高智力、预防贫血。

鸽蛋益智汤 明目、益智

材料 鸽蛋5个，枸杞子5克，桂圆20克。

调料 葱段、姜片各5克，香菜末3克，盐2克。

做法

1 将枸杞子、桂圆用温水洗净，放入锅中加水煮10分钟，加盐、葱段、姜片，略煮后备用。

2 将鸽蛋用小锅加清水煮熟，剥去壳，放入枸杞子桂圆汤，烧沸，出锅，撒上香菜末即可。

营养师说功效

鸽蛋富含磷脂，对大脑有保健功效；枸杞子有很好的明目作用；桂圆可以补脑安神、健脑益智。三者搭配的这道汤可以帮助孩子预防近视、促进大脑发育，非常适合学龄期孩子食用。

糯米鸡肉卷 增强记忆力

材料 鸡腿2只，糯米饭100克，胡萝卜70克。

调料 淀粉15克，蚝油10克，盐3克，胡椒粉、白糖各少许。

做法

1 胡萝卜洗净，去皮，切丝；锅中加蚝油、白糖、胡萝卜丝和清水煮开，熄火，加入糯米饭搅匀。

2 将鸡腿去骨，锤打成饼状，放大盘，撒入少许盐和胡椒粉腌渍20分钟，再撒点淀粉并铺上搅拌好的糯米饭，卷成筒状。

3 取锡纸，放上鸡腿卷，两头捏成糖果状，放入烤箱中烤制20分钟左右即可。

温馨tips

最好选用大鸡腿来做这款鸡肉卷，剔下来的鸡肉面积大，鸡肉比较多，卷起来容易些。

黑芝麻豆浆 健脑益智

材料 黑芝麻20克，黄豆40克。

调料 白糖10克。

做法

1 将黄豆洗净，浸泡8小时。

2 将黑芝麻炒熟，捣碎。

3 将黄豆放入全自动豆浆机中，加入适量清水，煮制豆浆熟透后过滤，调入黑芝麻和白糖，搅至化开即可。

营养师说功效

黑芝麻和黄豆一起食用能够提高身体抵抗力、健脑益智，常食能补脑、生血益智。

让孩子记忆力倍增

○给大脑补充营养

如果大脑功能不好，就会出现记忆力下降、反应迟钝等症状。学生每天要学习大量的知识，容易用脑过度，更要注意补充大脑营养。补脑最好的方式就是饮食调补。

○脂肪不可缺少

脂肪是健脑的首要物质，其中的磷脂酰胆碱能使人精力充沛，工作和学习的持久性增强。还要常吃些含卵磷脂的食物，如蛋类、豆类、鱼肉、坚果等，可活化脑细胞。

○蛋白质是智力活动的基础

蛋白质是智力活动的物质基础，是控制脑细胞的兴奋与抑制过程的主要物质，大脑细胞在代谢过程中需要大量蛋白质来补充、更新。增加优质蛋白质的摄入，可适量多吃鱼、蛋、奶、瘦肉等食物。

动物蛋白质中鱼类的最好，植物蛋白质中大豆蛋白最好。这两类是补充蛋白质的最佳食材

○科学补锌

锌是孩子生长发育期很重要的一种微量元素，在人体生长发育、生殖遗传、免疫、内分泌等重要生理过程中必不可少，还与人的记忆力关系密切，被誉为“生命之花”“智力之源”。

锌不仅对于蛋白质和核酸的合成必不可少，而且对于细胞的生长、分裂和分化的各个过程都是必需的。它还能帮助形成胰岛素，是稳定血液状态、维持体内酸碱平衡的重要物质。有充足的证据表明，锌还是合成DHA的必要物质。

正确摄入量

关于锌的参考摄入量，1 ~ 6个月的孩子为2毫克/天，7 ~ 12个月的孩子为4毫克/天，1 ~ 6岁孩子为4 ~ 7毫克/天。

营养来源

锌的良好来源有牡蛎、面筋、小麦麸、口蘑、牛肉、动物肝脏、蛋黄、虾、花生、猪肉、禽肉等。

○ 宜吃忌吃食物对对碰

明星食物

金针菇

金针菇富含赖氨酸，有增强记忆、开发智力的作用，食用金针菇对增加大脑营养，提高智商和智力，增强思维力、记忆力是大有裨益的。

海带

海带的含碘量较高，碘是人体不可缺少的营养素，尤其是孩子生长发育与智力发育不可缺少的。另外，海带还富含胆碱，可以帮助孩子增强记忆力，有助于认知新事物。

鸡蛋

蛋黄中含有卵磷脂、维生素 E 和矿物质等，这些营养素有助于增强神经系统的功能，经常食用可增强记忆力。

鳕鱼

鳕鱼含有丰富的DHA、蛋白质、维生素A、维生素D及碘、钙、磷等营养物质，能促进孩子智力和记忆力的增长。

核桃

核桃中所含的微量元素锌和锰是脑垂体的重要成分，常食核桃有益于补充大脑营养，提高记忆力。

花生

花生中含有维生素E和锌，孩子经常食用能增强记忆力。

忌吃食物

爆米花

爆米花含铅，孩子体内铅达到一定量就会引起发育迟缓和智力减退等，而且年龄越小神经受损越重。

油条

油条铝含量很高，孩子摄入过多铝，会影响脑细胞功能，导致记忆力下降、思维迟钝。

益智助学食谱推荐

花生拌菠菜 益智、增强记忆力

材料 菠菜250克，熟花生米50克。

调料 姜末、蒜末、盐、醋各3克，香油1克。

做法

1 将菠菜洗净，焯熟捞出，过凉，切段。

2 将菠菜段、花生米、姜末、蒜末、盐、醋、香油拌匀即可。

营养师说功效

花生内所含的维生素E具有抗氧化作用，能够增强记忆力，并延缓脑细胞衰退；菠菜中含有的叶酸和胡萝卜素可以保护脑细胞免受自由基的损害。二者搭配可以增强记忆力、保护大脑细胞。

果酱松饼 增强记忆力

材料 低筋面粉50克，配方奶粉25克，鸡蛋1个。

调料 果酱5克。

做法

1 将低筋面粉和配方奶粉一起过筛，加入鸡蛋和适量的水，和成面糊。

2 将油倒入平底锅中烧热，分次倒入面糊，煎成金黄色小饼，蘸果酱食用即可。

温馨tips

煎制这款饼时一定要小火加热，加热2分钟左右即可。

番茄荷包蛋 补血、益智

材料 鸡蛋1个，番茄1个，菠菜10克。

调料 盐2克，葱丝、姜丝各5克，白糖5克，水淀粉10克。

做法

1 将番茄用开水烫一下，去皮，切成小片；将菠菜洗净，切成小段。

2 锅置火上，加适量清水烧开，打入鸡蛋，将鸡蛋煮熟成荷包蛋。

3 另取净锅，放油烧热，下入葱丝、姜丝煸炒，再下入番茄煸炒。

4 将煮熟的荷包蛋及水倒入番茄锅中，加盐、白糖、菠菜段烧开，用水淀粉勾芡即可。

营养师说功效

鸡蛋中的卵磷脂能改善脑组织代谢，促进智力发育；菠菜中富含叶酸、胡萝卜素等，可以促进人体新陈代谢、益智健脑。

缓解学习压力

学生面临着升学、考试以及其他的方方面面，再则，家长都有盼子成龙的心，诸多因素的影响给学生带来了沉重的学习压力。

○ 多吃碱性食物可消除疲劳感

当人体疲劳时，代谢产生的酸性物质聚集，导致思维迟缓、肌肉酸软、疲劳不堪。因此日常多食碱性食物，保持酸碱平衡，能缓解疲劳，减轻心理压力。

常吃的食物中属于碱性食物的有蔬菜、水果、菌藻类（如海带、木耳）等。

○ 多吃全谷类食物是减压的良方

长期的精神压力和疲劳会导致胃肠功能紊乱，造成便秘，俗话说“上火”。膳食纤维能促进胃肠蠕动，帮助排便，而补充膳食纤维最简单的方法就是多吃全谷类食物和蔬菜，如全麦、玉米面、荞麦面、红薯、山药、新鲜玉米等。所以孩子的食谱中不能光是大米、白面，玉米糙、荞麦面、燕麦等也应出现。用全麦面包代替普通面包也是增加膳食纤维摄入的办法。

○ 矿物质在新陈代谢中有重要的生理作用

钙有助于肌肉收缩、神经传递和骨骼发育，含钙高的食物有酸奶、牛奶、虾皮、蛋黄、芝麻酱等；镁、钾可以让肌肉放松、调节心律，富含镁、钾的食物有卤水豆腐、小米、香蕉、鳄梨、土豆、杏仁、花生、豆类等。

营养专家提醒

维生素C可以维持细胞膜的完整性，增强记忆力，有缓解心理压力的效果，富含维生素C的食物有各种新鲜蔬菜和水果。B族维生素是人体神经系统物质代谢过程中不可缺少的物质，可以营养神经细胞，调节内分泌，有舒缓情绪、松弛神经紧张的效果。

○ 碳水化合物必不可少

由于大脑的热量来源只有葡萄糖，血糖过低既影响学习效率，也影响情绪，所以早餐应多吃些富合碳水化合物的食物，如粥、馒头、面条等。小米不仅能够提供充足的碳水化合物，还含有丰富的B族维生素，非常适合儿童食用。

○ 宜吃忌吃食物对对碰

明星食物

番茄

番茄中的番茄红素可抗氧化，防止健康脑细胞受损；其中的维生素C可消除疲劳。

菠萝

菠萝中含有丰富的维生素C，可消除疲劳，缓解压力。菠萝也特别适宜身热烦躁者，是一种非常好的减压食物。

酸奶

酸奶能改善睡眠，对缓解压力有独到作用。酸奶味道独特，还有调节情绪的作用。

南瓜子

南瓜子含丰富的不饱和脂肪酸、维生素E、锌、铁、镁等营养素，对安抚情绪、消除疲劳有帮助。

全谷类

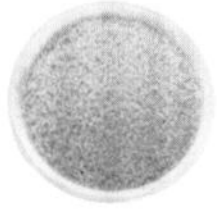

全谷食物含有丰富的膳食纤维及B族维生素，可增强人体的抵抗力，避免身体产生疲倦感。同时，还能改善神经系统的功能，起到缓解压力的作用。可以适当多吃些糙米饭、全麦面包等。

忌吃食物

火腿肠

吃多了，不仅不能减压，还有可能造成钠摄入过量。

辣椒

吃多了，孩子会感到烦躁不安，使压力倍增。

黄豆玉米饭 减压、预防便秘

材料 黄豆、糙米、玉米各50克。

做法

1 将黄豆洗净，在水中浸泡2小时，备用；将糙米、玉米洗净。

2 将黄豆、糙米、玉米都放入电饭锅内，加适量水，用电饭锅煲熟即可。

○营养师说功效

这款米饭富含B族维生素和膳食纤维，可以提高人体免疫力，改善神经系统功能，减轻压力，促进肠道蠕动，改善便秘。

豆芽拌豆腐丝 减压、补钙

材料 绿豆芽、豆腐丝各100克。

调料 醋、红椒丝各5克，盐2克，香油少许。

做法

1 将绿豆芽择洗干净；将豆腐丝洗净，切成小段。将绿豆芽和豆腐丝分别放入沸水中焯透，捞出，沥干水分，凉凉。

2 取盘，放入绿豆芽和豆腐丝，用盐、红椒丝、香油和醋调味即可。

○温馨tips

焯豆腐丝时，水再次开即可捞出，以防豆腐丝煮烂，失去口感。

鱼头海带豆腐汤 促进大脑发育

材料 鲢鱼头200克，海带100克，豆腐80克，鲜香菇5朵。

调料 葱段、姜片各5克，盐4克。

做法

1 将鱼头去鳃，在下腭处用刀切开，冲洗干净，沥干。

2 将香菇洗净，去蒂，切上十字；将豆腐洗净，切小块；将海带洗净，切长5厘米、宽3厘米的段。

3 将鱼头、香菇、葱段、姜片和清水放入锅中，大火煮沸，撇去浮沫，加盖转用小火炖至鱼头快熟，拣去葱段和姜片。

4 放入豆腐块和海带段，继续用小火炖至豆腐和海带熟透，加盐调味即可。

营养师说功效

鲢鱼头富含磷脂和多不饱和脂肪酸。孩子处在大脑黄金发育期，非常适合这道汤。

消除疲劳

○饮食种类要全面，重视碳水化合物

要做到饮食多样化，包括碳水化合物、蛋白质、脂肪三大热量物质的摄入。其中，碳水化合物是热量的主要来源，人们所有器官的运行，尤其是大脑，都需要消耗热量。每天50%~55% 的热量都要依靠碳水化合物来补充。可以多食用乳制品和豆制品，二者都是很好的蛋白质及热量来源，应适量补充，且应每天都摄入。

○摄入适量维生素C和B族维生素

维生素C具有较好的抗疲劳功效，人体若缺乏维生素C，就会出现体重减轻、四肢无力、肌肉关节疼痛等症状。另外，想要缓解并消除疲劳，就要积极摄取B族维生素，它是碳水化合物和脂肪代谢过程中必需的成分，尤其是维生素B_1和维生素B_2更不能缺乏。想要补充这两种维生素，可以多吃谷类。

○缓解眼疲劳

由于学习压力大，孩子很容易眼疲劳。想要缓解眼疲劳，可以多摄入富含花青素、各种维生素的食物，如葡萄、番茄、胡萝卜、燕麦、坚果等，可以保护视力、缓解眼疲劳、减少眼部充血。

○晚餐不宜过饱

吃得过饱，胃肠对周围器官造成压迫，肠胃需要更多的血液帮助食物的消化吸收，从而导致大脑供血不足。也容易导致睡觉时多梦，经常做梦会使孩子在第二天感到疲劳。

○不能缺铁

铁是红细胞的基本组成成分，孩子缺铁会导致贫血，出现乏力、面色苍白、发育迟缓，严重者还会影响智力发育。

○蛋白质食物不可少

蛋白质能够消除身心疲劳，安定紧张的神经，抚慰焦躁的情绪，若搭配B族维生素、不饱和脂肪酸、钙、铁等一同摄入，效果更好。富含蛋白质的食物有肉类、蛋类、奶类、坚果类等。

橙子、番茄、胡萝卜等蔬果富含花青素、各种维生素，可以保护视力、缓解眼疲劳、减少眼部充血。除了常规的吃法，也可以给孩子榨汁饮用

○ 宜吃忌吃食物对对碰

明星食物

大米

大米富含碳水化合物，可以满足机体对热量的需求，补充体力，缓解疲劳，并可提高身体的抵抗力。

瘦肉

瘦肉富含蛋白质、B族维生素、维生素A、铁，既可以为熬夜储存热量，又能补充维生素和矿物质，减缓疲劳。

玉米

玉米富含碳水化合物、维生素A、镁、B族维生素，可增加机体耐受力，消除疲劳。

猪肝

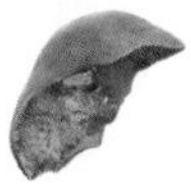

猪肝中富含维生素A，可促进生长和生殖发育，维持造血功能，促进孩子智力发育，提高孩子视力，抗疲劳。

忌吃食物

花椒

刺激性大，热性大，容易伤害视神经，加重眼睛视觉疲劳。

浓茶、咖啡

所含咖啡因、茶碱会消耗体内与神经、肌肉协调有关的B族维生素，加重疲劳感。

家庭护理须知

如何消除孩子视力疲劳

1.室内灯光的要求。孩子的卧室、玩耍的房间，最好是窗户较大、光线较强的朝南或朝东南方向的房屋。不要让花盆、鱼缸及其他物品影响阳光直射室内。人工照明最好选用日光灯，一般灯泡照明最好用乳白色的球形灯泡，以防止光线刺激眼睛。

2.不宜长时间看电视。孩子每周看电视最好不多于2次，电视机荧光屏的中心位置应略低于孩子的视线，眼睛距离屏幕2米以上为佳。

3.看书、画画的姿势。孩子眼睛与书的距离应保持在33厘米左右，切忌让孩子躺着或坐车时看书。

消除疲劳食谱推荐

肉末蒸圆白菜 消除疲劳、补充热量

材料 猪肉50克，圆白菜30克。

调料 盐2克，葱末5克。

做法

1. 将圆白菜洗净，撕大片，焯烫至软；猪肉洗净，切末。
2. 锅置火上，倒植物油烧热，倒入葱末炒香，加猪肉末、盐炒熟。
3. 把炒好的猪肉末倒在圆白菜上，卷成卷，放蒸锅里，上汽后蒸3~5分钟即可。

营养师说功效

圆白菜富含维生素K，具有防出血作用。猪肉含有丰富的蛋白质、脂肪、铁等成分，可以为人体补充热量、缓解疲劳。

圆白菜米糊 消除疲劳、预防感冒

材料 大米20克，圆白菜50克。

做法

1. 将大米洗净，浸泡20分钟，放入搅拌器中磨碎。
2. 将圆白菜洗净，放入沸水中充分煮熟后，用刀切碎。
3. 将磨碎的大米倒入锅中，大火煮开，放入圆白菜碎，调成小火煮开即可。

营养师说功效

这款米糊中含有丰富的蛋白质、碳水化合物和维生素C，能补充热量，缓解疲劳，预防感冒。

鲜茄肝扒 消除疲劳、促进生长

材料 猪肝100克，茄子150克，番茄1个，面粉50克。

调料 生抽、盐、白糖、水淀粉各适量。

做法

1 将猪肝洗净，用生抽、盐、白糖腌渍片刻，去水切碎；将茄子洗净切块，煮软后压成泥，与猪肝、面粉拌成糊后捏成厚块，煎至两面金黄。

2 将番茄洗净焯烫，去皮切块，略炒，用水淀粉勾芡，淋在肝扒上即可。

○营养师说功效

这道菜营养丰富，尤其含有丰富的铁质，帮助生血，促进生长发育。铁还可以将氧气输送到人体的各部位，供人体呼吸氧化，消化食物，获取营养，产生热量。

备战考试

○ 考前饮食原则

1 不吃主食头脑容易昏沉。葡萄糖是大脑活动的热量来源，体内的葡萄糖不足，就会出现头脑昏沉等影响学习的状况。而葡萄糖主要来自碳水化合物，也就是粮食。吃粮食要注意粗细搭配，应适当吃些玉米、小米、全麦。糕点、甜食等不可摄入过多，否则会摄入过多脂肪，使身体发胖。

2 只吃素食营养易不足。考生应特别注意蛋白质的补充。每人每天所需蛋白质75~90克，其中一半应该是优质蛋白，主要来自动物性食物和豆类。考生不能因为怕长胖吃得太素。

3 绿豆粥、莲子汤，天天换。夏季过食油腻，会伤脾胃。这时可以熬些绿豆粥、莲子汤等，营养丰富，又清热祛暑。

4 盲目进补会让大脑疲劳。紧张的脑力劳动要消耗大量热能，应合理增加营养，满足考生需求。过度食用营养品，容易导致性早熟等问题。只有考生因偏食出现严重的营养不良时，才可以考虑增加一些营养制剂或补品。

5 吃饭时间有讲究。将平时的就餐时间与考试时间调整一致。早餐要在考前一个半小时进食，半小时吃完后，还有一个小时的时间可以让考生从进食的兴奋状态转为考试学习的兴奋状态。

6 注意加餐。考生学习得比较晚，两餐之间需要加餐。比如，中餐和晚餐之间加一点点心或水果，晚餐后到睡觉之间喝一杯牛奶，吃点全麦、面包或者坚果，时间长的话还可以加点水果。

牛奶中含有的乳清蛋白可以缓解考生考前因紧张而引起的失眠

○ 酸碱平衡：考前要多吃碱性食物

正常人的体内是一个弱碱性的环境，多吃碱性食物，维持体内酸碱平衡，就能有效缓解疲劳以及减轻心理压力。

碱性食物包括海带、木耳、菠菜、胡萝卜、芹菜、白菜、苹果、菠萝、梨等。

○ 颜色平衡：每天吃两种以上颜色的食物

不同颜色的蔬菜和水果，所含的营养素也各不相同。因此，在蔬菜和水果的选择上，五颜六色可以增强食欲。考生每天至少要食用两种以上颜色的蔬菜和水果。

不同色彩的食物有不同的效果：黑色补肾，如木耳、黑米、紫菜等；绿色可以稳定情绪、护肝，如菠菜、油菜、小白菜等。

○ 吃出明眸，缓解眼疲劳

考前学生眼睛容易疲劳，应摄入一些能缓解眼疲劳的食物。

补充优质蛋白，多吃富含蛋白质的瘦肉、鱼肉、乳蛋和大豆制品等。

钙是神经中的“信使”，参与形形色色的神经活动。神经细胞缺钙，容易出现疲劳和注意力分散。含钙丰富的食物有虾皮、海带、芝麻、豆类及豆制品、核桃、瓜子等。

锌能够增强神经敏感度。锌还参与肝脏、视网膜组织细胞内视黄醇还原酶的组成，直接影响维生素A的代谢及视黄醇的作用。含锌丰富的食物有牡蛎、瘦肉等。

○ 宜吃忌吃食物对对碰

明星食物

花生

花生中富含维生素E，有保持脑细胞活力的作用，促进思维活跃。

鸡蛋

鸡蛋中富含蛋白质，有助于增强大脑皮质的兴奋和抑制作用，帮助考试稳定发挥。

忌吃食物

油条

油条中含有较多的过氧化脂质，会加快脑细胞的衰老。

爆米花

爆米花中含铅量较高，摄入过多铅会损伤大脑。

芒果牛奶饮 补充体力、消除疲劳

材料 芒果150克，香蕉100克，牛奶200克。

做法

1 将芒果洗净，去皮、核，切小块；将香蕉去皮，切小块。

2 将上述食材倒入全自动豆浆机中，加入牛奶，按下“果蔬汁”键，搅打均匀后倒入杯中即可。

温馨tips

芒果、香蕉都有甜味，做这款饮品可以不用加白糖。

松子玉米虾仁蛋饼 健脑益智

材料 松子仁70克，熟玉米粒100克，虾仁75克，鸡蛋2个，面粉250克。

调料 盐适量。

做法

1 将鸡蛋磕开，打散；虾仁洗净，切丁。将松子仁、玉米粒、虾仁丁、面粉、盐、蛋液、水搅成糊。

2 电饼铛放油烧热，舀入松子玉米糊摊匀，煎至两面熟，取出后切菱形块即可。

温馨tips

前一天晚上，可以把煮熟凉凉的玉米棒用手搓成玉米粒。松子仁要密封保存，最好放保鲜盒中入冰箱保存。

第三章

缓解小症状食谱，让小病远离孩子

孩子的身体器官发育还不够完善，对病毒的抵抗力弱，更容易患病。因此对孩子的一些常见病不能忽视，吃对食物会对这些疾病起到辅助治疗的作用。饭吃好了，孩子的抵抗力增强了，抵御各种疾病的能力也强了。

感冒

感冒多是由病毒引起的，孩子的免疫系统尚不成熟，所以容易患感冒。营养不良的孩子，缺乏具有免疫功效的营养素，更容易患感冒。

症状表现

1 流鼻涕、鼻塞、喉咙充血或疼痛、咳嗽、有痰等。

2 发热、头痛或关节痛、倦怠等。

3 有的孩子伴有恶心、呕吐、腹泻等肠胃不适症状。

多吃流质食物

感冒时可以多吃流质食物，如汤、粥、烂面条、豆浆、果蔬汁等，既易于消化，又能促进血液循环，增加排尿，减少体内毒素，加速代谢废物排泄。

多吃蔬菜、水果

水果和蔬菜能促进食欲，帮助消化，补充人体所需的维生素和各种矿物质。维生素C具有抗菌作用，增强免疫功能，对抗自由基对人体组织的破坏。维生素A具有保护和增强上呼吸道细胞的功能，从而抵抗各种致病因素侵袭。维生素E可以提高人体免疫功能，增强机体的抗病能力。此外，锌能增强人体对感冒病毒的抵抗力，铁是免疫细胞成长所需要的。

孩子摄入水果和蔬菜，可以补充维生素和各种矿物质，有效抵抗感冒

○ 高热量食物提高抗病能力

可多选择热量较高、容易消化的主食，并注意补充足够的蛋白质。饮食除米、面、杂粮之外，可适当增加一些豆类、乳制品等。

○ 风寒感冒和风热感冒的饮食

1 风寒感冒：多吃可以促进出汗、散寒疏风的食物，可以多喝点姜糖水，忌吃寒凉食物。

2 风热感冒：多吃解表的食物，忌吃油腻肥厚、辛热的食物。

○ 宜吃忌吃食物对对碰

明星食物

西蓝花

西蓝花富含维生素C和胡萝卜素，可增强人体免疫力，防治感冒。

姜

姜能消炎、散寒、发汗，缓解流鼻涕等感冒症状，更适合风寒感冒的孩子食用。

忌吃食物

辣椒

辣椒会使身体内的热量增加，会加重病情。

烧烤

烧烤会刺激呼吸道或消化道，导致病情加重。

家庭护理须知

1.让孩子在家里静养，暂时不要泡澡，过了发热期之后，可以先淋浴。
2.勤给孩子补充水分，避免孩子出现脱水症状。
3.孩子发热感到闷热时，不要过度保暖，避免散热不良。
4.室内要勤开窗换气，湿度保持在50%~60%。

梨丝甜瓜 提高免疫力

材料 梨200克，香瓜150克。

调料 白糖适量。

做法

1 将梨洗净，去蒂除核，切丝；将香瓜洗净，去蒂除子，切丝。

2 将切好的梨丝和香瓜丝放入盘中，均匀地撒上白糖，吃时拌匀即可。

营养师说功效

梨和香瓜中含有丰富的维生素C，可以及时补充感冒期间缺失的维生素C，并提高抗病能力。此外，梨和香瓜的水分充足，可以缓解感冒口干口渴等症状。

红糖姜汤 祛寒、活血

材料 生姜150克，红糖适量。

做法

1 将生姜连皮用水洗净，切粒。

2 将姜粒与红糖一起入锅，加适量水，大火煮沸后改用小火续煮10分钟即可。

营养师说功效

此汤可以帮助感冒的孩子祛风散寒、活血祛瘀，可加速血液循环，还可以刺激胃液分泌，增强孩子的食欲，提高孩子对抗病毒的能力。

田园蔬菜粥 增强免疫力

材料 大米100克，西蓝花、胡萝卜、蘑菇各40克。

调料 肉汤500克，香菜末5克，盐3克。

做法

1 将西蓝花洗净，掰成小朵；将胡萝卜洗净，去皮，切丁；将蘑菇去蒂洗净，切片；将大米淘洗干净。

2 锅置火上，倒入滤过油脂的肉汤和适量清水，大火烧开，加大米煮沸，转小火煮20分钟，下入胡萝卜丁、蘑菇片煮至熟烂，倒入西蓝花煮3 分钟，再加入盐、香菜末拌匀即可。

○营养师说功效

西蓝花和胡萝卜均富含胡萝卜素，蘑菇能通便、抗癌，三者搭配食用，可以增强身体免疫力，预防感冒。

咳嗽

咳嗽是人体的一种保护性呼吸反射动作。通过咳嗽反射能有效清除呼吸道内的分泌物或进入气道的异物。但是也应该注意观察，有时孩子会因为咳嗽而无法入眠，当对日常生活造成影响，就应该及时去医院检查。

症状表现

1 有时在夜里睡觉或早上醒来时，孩子要咳嗽一阵。这可能是孩子气管发育不良，或患有哮喘性支气管炎，此时，若是将手放在孩子的后背上，能感觉到胸部好像拉风箱一样，可以听到呼噜呼噜的积痰声和喘息声。

2 发高烧、咳嗽、喘鸣并伴有呼吸困难，这是一种比较严重的症状了，应该立即送医院紧急处理。

3 孩子脸色不好，常发紫，或者呼吸增快，加上吸气时胸壁下部凹陷，可能是毛细支气管炎（肺炎的一种），应及时送医院救治。

宝宝有一个健康的身体是所有父母的心愿，平时一定要重视对孩子肺部和呼吸道的保护

家庭护理须知

1.咳嗽的孩子胃口通常不是很好，应选择营养高、易消化、较黏稠的食物，少量多次给孩子进食。

2.少量多次地给孩子喂水，滋润喉咙，帮助孩子排痰。

3.因受风寒而咳嗽的孩子应吃一些温热、化痰止咳的食物；因上火内热而咳嗽的孩子应常吃些清肺、化痰止咳的食物，如可以喝些冰糖煮梨水、白萝卜汤；因身体虚弱而咳嗽的孩子要吃一些调理脾胃、补肺气的食物。

○ 多吃白色食物

按照中医五色入五脏的说法，白色食物润肺、清肺效果最佳。常见的白色食物有很多，蔬菜中有白萝卜、白菜、菜花、荸荠、莲藕等；水果中有甘蔗、雪梨等，其中，雪梨的水分大，性略寒，可以起到生津润燥、清热化痰的作用。

另外，葡萄、石榴、柿子和柑橘虽然不是白色的，但也都是不错的养肺水果。肉食中的猪肝有不错的养肺功能，主要是去肺火，对干咳无痰等症状有一定效果。

○ 食物生吃熟吃润肺效果不同

想要给孩子润肺，不仅要选好食物，还要注意吃法和烹饪手法。其中，莲藕的清热润肺效果虽好，但要生吃才行，熟吃起到的是健脾开胃的作用；雪梨生吃可清肺热、去实火，而熟吃则主要是清虚火；白萝卜生吃能清肺热、止咳嗽，熟吃则能化痰。

○ 秋季润肺宜多喝水

秋季气候干燥，会让孩子的身体丢失大量水分，要及时补足这些损失，每天至少要比其他季节多喝500毫升以上的水，以保持肺脏与呼吸道的正常湿润度。还可直接将水“摄”入呼吸道，方法是将热水倒入杯中，让孩子用鼻子对准杯口吸入，每次10分钟，每天2～3次即可。

○ 宜吃忌吃食物对对碰

明星食物

梨

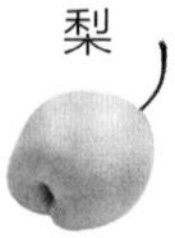

梨具有润肺止咳、清热化痰的功效。

百合

百合具有润肺止咳的作用。

忌吃食物

虾

虾内所含的蛋白质是常见的过敏源，可引起过敏性咳嗽或哮喘。

瓜子

瓜子热量较高，并且吃了之后容易上火，易加重咳嗽症状。

鲜藕梨汁 预防秋燥

材料 新鲜莲藕200克，鸭梨1个。

做法

1 将莲藕洗净，去皮，切小块；将鸭梨洗净，去皮去核，切小块。将莲藕和鸭梨一起放入搅拌机中搅碎。

2 用消毒纱布过滤掉食物残渣，取汁饮用即可。

○营养师说功效

秋天上市的莲藕比较新鲜，营养丰富，还能预防秋燥，秋天应给孩子多吃些藕。

绿豆汤 清热解毒

材料 绿豆100克。

调料 白糖适量。

做法

1 将绿豆洗净，浸泡4小时。

2 锅置火上，放入绿豆，加足量的水，大火烧开，转小火煮至绿豆熟透，加白糖调味即可。

○温馨tips

绿豆的清热之力在于皮，为了清热效果更好，煮绿豆汤时不要久煮。

桂圆莲子汤 润肺止咳、补气养血

材料 桂圆30克，薏米40克，莲子、百合各20克，红枣5个。

调料 冰糖适量。

做法

1 将薏米洗净，放入清水中浸泡3小时；其他材料洗净待用。

2 电饭煲中放入薏米、莲子、红枣、百合，然后加入适量清水，大火煮沸，转小火慢煮1小时，再加入桂圆煮15分钟，加入冰糖调味即可。

○营养师说功效

桂圆性温味甘，可益心脾、补气血，具有良好的滋养补益作用。再配以清心的莲子，更让这款汤具有润肺止咳、养心安神的效果，有助于睡眠。

发热

发热是孩子常见的一种症状。发热是身体的一种防卫反应，它可增强吞噬细胞的吞噬功能和肝脏解毒功能，从而有利于疾病的恢复。因此，对孩子发热不能单纯地着眼于退热，而应该积极寻找发热的原因，治疗原发病。

症状表现

1 比正常体温高1℃以上时，有发热的可能性。孩子的新陈代谢非常活跃，使身体的正常体温偏高。穿着过多、身体活动、洗澡之后等，这些因素都可以促进体温进一步升高。但孩子的体温如果比正常时的体温高1℃以上，可能是由于某种疾病引起的发热。

2 高热未必患有重病。如果高热时孩子仍然情绪正常，食欲稳定，无须过度担心。如果孩子半夜发热但能喝水并保证睡眠，可以暂时给予物理降温，观察后再决定是否去医院。

3 发热不是很严重，但身体出现异常应引起重视。如果发热孩子的体温并不是很高，但出现情绪不安、脸色不好、食欲不佳的情况时，需要引起家长注意。

4 发生下列情况时需要再次就诊。如感冒之类的常见病引起的发热就诊之后，基本上可采取在家护理的办法。但是如果发热持续3日以上，病情恶化，单纯患感冒的可能性很小，应再次到医院接受诊治。另外，如果有抽搐、痉挛、无法摄取水分、无力等现象出现时，也应带孩子再次接受诊治。

家庭护理须知

1.少穿衣服，帮助孩子散热。孩子在发热时，会出现发抖的症状，父母会以为孩子冷，其实这是因为他们体温上升导致。

2.帮孩子物理降温，有以下常用方法：

头部冷湿敷：用20～30℃水浸湿软毛巾后稍挤压使之不滴水，折好置于患儿前额，每3～5分钟更换一次。

温水擦拭或温水浴：用温湿毛巾擦拭孩子的头面、腋下、四肢或洗个温水澡，多擦洗皮肤，促进散热。

酒精擦浴：适用于高热降温。准备20%～35%的酒精200～300毫升，擦洗四肢和背部。

○孩子发热怎么吃

孩子发热时，身体新陈代谢加快，对营养物质的消耗会大大增加，体内水分也会明显消耗。同时，由于发热，孩子体内消化液的分泌会减少，胃肠蠕动减慢，消化功能会明显减弱。所以，爸爸妈妈一定要给予孩子充足的水分和补充大量的矿物质和维生素，供给适量的热能和蛋白质。

高热量、高维生素的流质或半流质食物是最佳的选择。多给发热的孩子喝牛奶、米汤等既有营养又容易消化的食物。另外，少食多餐，孩子每天进食以6～7次为宜。

鲜梨汁具有清热、润肺、止咳的作用，适用于发热伴有咳嗽的孩子

○宜吃忌吃食物对对碰

明星食物

梨

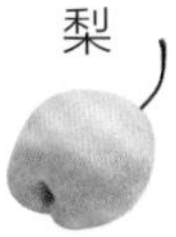

梨既能清热生津，也能补充营养。

绿豆

绿豆可以缓解全身发热、出汗的症状。

忌吃食物

蜂蜜

发热期间应以清热为主，不宜滋补。蜂蜜是益气补中的补品，如果多服用，会使患儿内热得不到很好的清理、消除，还容易并发其他病症。

辣椒

辣椒是辛辣食材，可助热，不利于退热。

苹果雪梨酱 清热润肺、促进消化

材料 苹果、雪梨各200克，柠檬汁少许。

调料 麦芽糖、白糖、盐各适量。

做法

1 将苹果和雪梨分别洗净，去皮、核，切小块。

2 锅内加水和柠檬汁，加入切好的苹果和雪梨，煮开。

3 倒入适量麦芽糖，小火熬煮，注意搅拌；麦芽糖化开后，加入白糖、盐搅拌至浓稠即可。

○营养师说功效

苹果营养丰富，富含维生素C、果胶、铜等对人体有益的营养素；雪梨具有润肺功效。此果酱有促进消化、止咳化痰、防止便秘、提高宝宝免疫力的效果。

甜脆绿豆粥 清热解毒、润肺止咳

材料 西瓜皮、绿豆各200克，银耳1朵。

调料 冰糖适量。

做法

1 将西瓜皮洗净，削去绿衣，刮去内壁的红肉，切成小块；将绿豆洗净，泡水3小时；将银耳洗净，去蒂，泡软，撕成小朵备用。

2 锅中倒水，放入绿豆和银耳，大火煮开，转小火煮至绿豆开花、软烂，加西瓜皮及冰糖再煮1~2分钟即可。

○营养师说功效

这款粥具有清热、解毒的作用，既能补充营养，又有利于孩子体内毒素的排出，可以帮助孩子退热。

奶香麦片粥 补充热量

材料 牛奶250克，燕麦片50克。

调料 白糖10克。

做法

1 将燕麦片放清水中略浸泡。

2 锅置火上，放入适量清水大火烧开，加燕麦片煮熟，关火，再加入牛奶拌匀，最后调入白糖拌匀即可。

○营养师说功效

此粥含有丰富的B族维生素、维生素E及矿物质，具有补虚、养心、促进代谢的功用，适合发热的孩子食用。

急性咽炎

孩子急性咽炎是由于咽喉黏膜病变及黏膜下和淋巴组织病变引起的急性炎症，常继发于急性鼻炎或急性扁桃体炎，或为上呼吸道感染的一部分，亦常为全身疾病的局部表现或急性传染病的前驱症状。当孩子因受凉等全身或局部抵抗力下降，病原微生物乘虚而入会引发急性咽炎。

症状表现

1 声音嘶哑。小儿咽炎患者都会出现声音嘶哑这一症状，严重时甚至还会影响正常的发声。

2 喉部肿痛。通常孩子觉得喉部有疼痛感和异物感，这种情况在发声时更为严重。

3 痰多。由于咽喉发炎导致分泌物增多，因此孩子总出现咳嗽、痰多的情况。

急性咽炎的危害

1 声音嘶哑，甚至永久性变声。患有咽炎的孩子多有声音嘶哑这一症状，若不及时治疗甚至会使得孩子永久性变声。

2 并发症多。患有咽炎的孩子若没有得到及时治疗，会引发鼻炎、中耳炎等相邻器官疾病，造成恶性循环。

病理病因

1 生活习惯因素。很多孩子的生活习惯不是很好，如不经常洗手，经常挖鼻孔，晚上睡觉前不刷牙等，专家表示这些都是不正确的，家长不能惯着孩子，要督促孩子养成良好的行为习惯，这样不仅对他们以后的生活有利，对他们的健康更有利。

2 环境因素。城市里的孩子本来就要吸入过多的尾气，所以在家或学校的时候要保证孩子所在的房间空气新鲜。若开空调，则需要定时开窗通风换气。专家建议，遇到雾霾天气，应该给孩子戴口罩出门。

3 其他疾病因素。孩子患有其他的相邻器官疾病，如鼻炎、中耳炎，而这个时候家长又没有引起过多的关注，因此诱发咽炎。

○ 检查方法

检查口咽及鼻咽黏膜弥漫性充血、肿胀，腭弓及悬雍垂水肿，咽后壁淋巴滤泡和咽侧索红肿，表面有黄白色点状渗出物，下颌淋巴结肿大并有压痛，体温可升高至38℃，根据病原的不同白细胞可增多、正常或减少。

○ 宜吃忌吃食物对对碰

明星食物

丝瓜

丝瓜富含维生素C、水等成分，具有清热、凉血、化痰的功效，对防治咽炎有一定的效果。

梨

梨所含的配糖体能祛痰止咳，并对咽喉有养护作用。

罗汉果

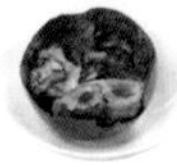

罗汉果有清热滋阴、润喉消炎的功效。适用于咽痛及急慢性咽炎。

忌吃食物

姜

姜味辛辣，容易加重嗓子不舒服的症状。

辣椒

辣椒辛辣、燥热，会灼伤咽部黏膜，不利于咽部病情的恢复。

如何帮孩子预防急性咽炎

· 生活要有规律，起居有常，夜卧早起，避免着凉。睡眠时，避免吹对流风。
· 适当多吃梨、生萝卜、话梅等水果、干果，以增强咽喉的保养作用。
· 平时加强户外活动，多晒阳光，增强体质，提高抗病能力。
· 保持口腔卫生，养成晨起、饭后和睡前刷牙漱口的习惯。
· 注意气候变化，及时增减衣服，避免感寒受热。
· 在感冒流行期间，尽量减少外出，以防传染。

苹果雪梨银耳汤 滋阴润喉

材料 雪梨250克，苹果150克，荸荠50克，银耳20克，枸杞子、陈皮各5克。

做法

1 将雪梨、苹果洗净，去皮、核，切块；荸荠削去外皮；将银耳泡发，去黄蒂，撕成小朵备用。

2 锅中放适量清水，放入陈皮，待水煮沸，放入雪梨块、苹果块、银耳、枸杞子和荸荠，大火煮约20分钟，转小火继续煮半小时即可。

○营养师说功效

这款汤不但能润肺、保护喉部，还富含天然植物性胶质，具有滋阴的作用。

木耳烩丝瓜 清咽利喉

材料 水发木耳25克，丝瓜250克。

调料 葱花5克， 花椒粉、盐各3克， 水淀粉适量。

做法

1 将水发木耳洗净，撕成小片；将丝瓜去皮，洗净，切滚刀块。

2 炒锅倒入植物油烧至七成热，下葱花、花椒粉炒出香味，倒入丝瓜和木耳翻炒至熟，用盐调味，用水淀粉勾芡即可。

○营养师说功效

木耳富含胶质，经常食用可把残留在人体消化系统内的灰尘、杂质吸附起来排出体外，起到清胃涤肠的作用，丝瓜具有防治咽炎的功效，两者搭配，适合患咽炎的人群食用。

哮喘

○ 症状表现

孩子哮喘多发生在春秋季节，患儿嗓子内会发出咝咝的痰鸣声，胸内会发出呼噜呼噜的声响。

孩子哮喘会出现呼吸困难，呼气时腹部内馅，吸气时两肩上抬，呼气时带有长长的尾音，持续咳嗽的症状。

○ 警惕食物过敏性哮喘

美味的食物对孩子来说是绝对的诱惑。可是，有一些孩子正在被食物过敏症所困扰。特别是一些自身就患有过敏性疾病的孩子，如哮喘患儿，父母在其饮食上应更加小心。

1 避免过敏食物的摄入。避免过敏食物的摄入是治疗过敏性哮喘的首要措施。在大多数情况下，剔除了食物过敏原的饮食方案往往可以使食物诱发哮喘者不药而愈。患儿的饮食既要避免食物中的过敏原，又要提供足够的营养成分。可以选择一种营养相宜的食物替代品以代替饮食中剔除的食物。

2 用药物抵抗过敏。抗过敏药物是防治食物过敏性哮喘的主要药物，它对食物引起的呼吸道症状有较好的预防和治疗作用。

3 脱敏治疗。食物免疫耐受（脱敏）治疗是食物诱发哮喘的治疗方法之一。从食入极少量过敏的食物开始，逐渐增加食物的数量，使患者对过敏食物逐渐耐受。

4 加热以降低食物的过敏性。简单的加热就可使大多数食物的致敏性降低。如吃煮熟的香蕉比吃生香蕉发生过敏反应少，吃煮熟的鸡蛋比吃生鸡蛋的过敏反应弱，这是因为经过加热使可致敏的蛋白质降解的缘故。

○ 饮食护理

1 吃饭。妈妈可以侧重性质温平的食物，少给孩子吃一些寒凉的食物，如小米、荞麦、绿豆、薏米等。但也不要过于谨慎，像往常一样给孩子准备富含蛋白质、维生素、矿物质的食物就可以了。

2 喝水。有哮喘的孩子可以多喝凉白开，尽量不要喝苦瓜茶、苦丁茶、绿茶、菊花茶、薄荷茶、胖大海、决明子茶等。

○ 宜吃忌吃食物对对碰

明星食物

梨

梨具有润肺清热、消痰降火等作用，可缓解哮喘。

南瓜

南瓜富含胡萝卜素，有润肺、保护呼吸道的功效。

忌吃食物

咸菜

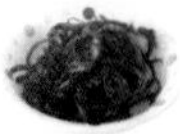

咸菜能生痰热，可能诱发哮喘发作或引发哮喘病。

碳酸饮料

碳酸饮料所含二氧化碳气体对肺不利，因此哮喘患儿不宜饮用。

家庭护理须知

哮喘作为一种反复发作的疾病，每次发作时，由于呼吸困难，导致缺氧，可对机体各系统及其物质代谢发生一系列的不良影响。特别是胃肠蠕动减慢，消化吸收功能减弱，引起患儿食欲不振，进食量减少，进一步导致营养不良。哮喘所导致的营养不良，小儿比成人表现得更为明显。因此，在积极控制哮喘的同时，要注意供给患儿以多种维生素及高碳水化合物饮食，但是脂肪的供应量应加以控制。

冰糖蒸梨 润肺定喘

材料 梨200克，冰糖10克。

做法

1 梨洗净，去皮，切半去核。

2 将冰糖放在梨核的位置，放入碗里，上锅隔水蒸15分钟左右即可。

○温馨tips

由于梨富含水分，蒸梨时会流出很多甜汤，应选择大的容器来蒸。

奶油南瓜浓汤 预防哮喘

材料 南瓜100克，淡奶油30克。

调料 盐1克，高汤1碗。

做法

1 将南瓜洗净，去皮、子，切块。

2 豆浆机里放高汤，加入淡奶油，放入南瓜块。

3 按“浓汤”键，直到豆浆机提示制作完毕。

4 汤盛出，加盐搅拌均匀即可。

○温馨tips

在汤表面滴几滴淡奶油，再用竹签画出可爱的花纹，孩子会很喜欢。

紫菜豆腐汤 缓解哮喘症状

材料 紫菜5克，豆腐100克。

调料 盐适量。

做法

1 将紫菜剪成粗条；将豆腐洗净，切成小块备用。

2 锅内加入适量水，待沸后，再加入豆腐块与紫菜条同煮，加盐调味即可。

○温馨tips

紫菜中含有细小的泥沙，下锅前要仔细冲洗。

积食

孩子积食的表现有舌苔厚、面颊发红、腹胀、大便气味很臭、排气多、食欲不振、厌食、口臭、睡眠不安、手脚心发热等症状，甚至可引起发热。

○症状表现

患儿食欲明显不振；鼻梁两侧发青，舌苔厚且白，呼气中有酸腐味；睡眠不安，有时还会有磨牙现象；常有腹胀、腹痛、消化不良等症状。

○积食食疗方法

1 喝健脾汤粥。白术、土茯苓、淮山（干品）、红枣、虫草花等有健脾的功效，妈妈可以经常选用，给孩子煲汤用。这些药材、食材的使用分量均为10克，每次选用1~2种，加鱼、鸡、猪骨煲汤或煲粥均可。

2 常喝谷芽麦芽水。用谷芽、麦芽各15克，加水煮沸后改小火再煮15分钟即可。谷芽、麦芽有生发胃气、消食导滞的功效。

3 莲子、山药多入粥。莲子有补益脾胃、养心安神的作用，山药能健脾补肺。取山药、莲子各10克，浸泡片刻，搭配100克大米煮粥食用。

4 巧用陈皮。陈皮可以辅助治疗脾胃气滞引起的消化不良、脘腹胀满。家长在烹饪时巧用陈皮不但可除腥提味，而且能理气调中、健脾导滞，可起到很好的食疗作用。

家庭护理须知

1.揉脐摩腹，帮助消化。孩子平躺在床上，家长以中指指腹或掌根揉按肚脐部位，动作轻柔地做圆周运动，以促进胃肠蠕动，帮助孩子消化。

2.山楂当零食。适当吃些山楂可以促进胃液分泌，有消油腻、化内积、敛阴开胃的功效，可增强食欲，帮助消化。

如何预防积食

1 调整饮食结构。多吃些易消化、易吸收的食物，少吃肉，多以米食、面食为主，高蛋白饮食适量即可，以免增加肠胃负担。

2 饮食有规律。给孩子安排的饮食要定时定量。肠胃和人一样，该休息时休息，该工作时工作，否则会打乱胃肠道生物钟，影响正常的消化功能。

3 晚上不要吃得太饱。孩子白天活动量大，吃东西能消化，但晚上胃蠕动慢了，就容易积食。因此，晚饭不能吃太饱。

4 睡醒30分钟内不进食。早上或中午孩子刚睡醒时，30分钟内不要进食，因为胃肠等内脏从低运转恢复正常需要时间。否则，对消化和吸收不利。

无论哪种食物，再有营养也不能吃太多

宜吃忌吃食物对对碰

明星食物

大米

大米含有丰富的B族维生素，有助于防止消化不良，有很好的养胃效果。

土豆

土豆所含的淀粉、B族维生素和维生素C能增强脾胃的消化功能，可健脾养胃。

忌吃食物

炸薯条

炸薯条不易消化，会加重肠胃负担，多吃会引起消化不良。

辣椒

辣椒会刺激消化道黏膜，尽量少吃或不吃。

醋熘土豆丝 健脾开胃、促进消化

材料 土豆300克。

调料 葱丝、蒜末、盐各4克，醋10克。

做法

1 将土豆洗净，削皮切丝，浸泡5 分钟。

2 锅内倒油烧热，爆香葱丝、蒜末，倒土豆丝翻炒，烹醋，加盐继续翻炒至熟即可。

○温馨tips

把刚切好的土豆放入清水中，以防氧化发黑。还要把水控干，如果锅中水分过多，会影响土豆丝的口感。

红豆山楂米糊 健脾、助消化

材料 红豆、大米各50克，山楂10克。

做法

1 将红豆洗净，浸泡4～6小时；将大米淘洗干净，浸泡2小时；将山楂洗净，浸泡半小时，去核。

2 将全部食材倒入全自动豆浆机中，加水至上下水位线之间，按下“米糊”键，煮至豆浆机提示米糊做好即可。

○营养师说功效

山楂富含膳食纤维，可促进肠蠕动；山楂还可以增加胃蛋白酶活性，所含的脂肪酶能促进脂肪分解，起到消积食、助消化作用。

红枣山药粥 益智安神、健脾胃

材料 山药60克，大米50克，红枣25克。

做法

1 将红枣泡软，去核；将山药去皮，洗净，切丁；将大米淘洗干净。

2 将大米大火煮15分钟，加入红枣、山药丁，用小火再煮10分钟即可。

营养师说功效

大米、红枣适合脾胃虚寒、食欲不佳者食用。山药中的酶具有助消化的功效。三者搭配熬成粥，非常适合积食的宝宝食用。

牛奶小米粥 消食、健胃

材料 大米、小米各30克，牛奶100克。

调料 白糖少许。

做法

1 将大米、小米分别淘洗干净，大米浸泡20分钟。

2 锅置火上，加适量清水煮沸，分别放入大米和小米，先用大火煮至米涨开，转小火熬煮，并不停搅拌，加白糖，一直煮到米粒烂熟，关火，再加入牛奶搅匀即可。

温馨tips

牛奶中的蛋白质受高温作用会使营养价值降低。因此牛奶最好在粥煮好关火后再加入。

厌食

厌食又称消化功能紊乱，主要表现为长期食欲减退，3～6岁的孩子比较多见。厌食可能由全身性疾病或消化道的局部疾病所引起，也可能是由药物或精神因素等多种原因所导致，更常见的是不良饮食习惯造成的，与家长的教养不当有密切关系。

症状表现

主要表现为呕吐、食欲不振、腹泻、便秘、腹胀、腹痛等。

饮食护理

1 让孩子养成良好的饮食习惯，吃饭定时定量，不偏食，不挑食，保证膳食均衡。合理安排膳食，多安排蔬菜食品，注意营养平衡，为孩子营造舒适的就餐环境。

2 缺锌可以导致厌食。缺锌的孩子可以给他多吃一些含锌丰富的食物，如海产品、动物肝脏、瘦肉、花生、核桃等。如果缺锌严重，应根据医生的建议选择药物补锌。

3 可经常变换食物的烹调方法，改善食物的色、香、味，更换食物种类，让孩子感觉吃饭是一件很高兴的事，这样就能提高孩子的进食兴趣，促进食欲。

4 吃饭时不要对孩子进行思想教育，更不要训斥和打骂孩子，否则会影响孩子的情绪，还会直接影响孩子的消化功能。

5 鼓励孩子多运动，但需要注意的是，在进食前半小时应避免剧烈运动。

6 孩子吃多吃少，是由他的生理和心理状态决定的，不会因大人的主观愿望而改变。强迫孩子吃饭，不利于孩子养成良好的饮食习惯。

7 引导孩子不要在正餐时吃过多高热量的零食，如巧克力、糖果等，或者喝大量饮料，这既会使血液中的含糖量过高，还会产生饱腹感，影响正餐进食量。

○ 让孩子独立吃饭

应放手让孩子自己吃饭，使其尽快掌握这项生活技能。尽管孩子已经学习过拿勺子，甚至会用勺子了，但孩子有时还是愿意用手直接抓着吃，好像这样吃起来更香。爸爸妈妈要允许孩子用手抓取食物，并提供一些手抓的食物，如小包子、南瓜条、苹果块、小面包、黄瓜条等，提高孩子吃饭的兴趣，让孩子主动吃饭。

爸爸妈妈要允许孩子用手抓取食物，可提供一些手抓的食物，提高孩子吃饭的兴趣

○ 宜吃忌吃食物对对碰

明星食物

山楂

山楂口感酸甜，能刺激消化液分泌，健脾益胃，增进食欲，促进消化。

白菜

白菜含有膳食纤维和水分，能起到润肠、助消化的作用。

忌吃食物

汤圆

汤圆口感黏滞，不容易消化，会使厌食加重。

炸鸡腿

炸鸡腿比较油腻，不利于肠胃消化，会加重孩子的厌食症状。

对症食谱推荐

山楂粥 开胃消食

材料 山楂30克，大米50克。

调料 白糖10克。

做法

1 先将山楂洗净，入砂锅中煎取浓汁；大米洗净。

2 将山楂汁和大米、白糖一起加水煮成粥。

营养师说功效

可以在上下午两餐之间食用，不宜空腹食用，以7~10天为一个疗程。

奶香白菜汤 消食、促进胃肠健康

材料 白菜30克，配方奶粉适量。

调料 盐少许。

做法

1 将白菜用淡盐水泡5分钟，洗净，剁碎。

2 锅内加水烧开，放白菜碎，小火稍煮。

3 最后加入适量配方奶粉调匀即可。

营养师说功效

大白菜中膳食纤维和维生素C的含量较高，有利于孩子的肠道健康、视力发育和免疫力的提高，还可以帮助积食的孩子消食。

香干肉丝 补充钙质

材料 香干50克，猪里脊肉40克。

调料 葱花、盐各2克。

做法

1 香干冲洗一下，切条；猪里脊肉洗净，切丝。

2 油锅烧热，爆香葱花，倒入肉丝炒至变色，倒入香干翻炒，加盐炒匀即可。

○营养师说功效

香干含有丰富的优质蛋白质和钙质，宝宝常食可以促进钙质的吸收，有利于身体的成长。

腹泻

婴幼儿腹泻是一组由多病原、多因素引起的大便次数增多和大便性状改变为特征的儿科常见病。这种情况在6个月~3岁婴幼儿中更为常见，且一年四季都可能发生，以秋季最多见。腹泻分为感染性和非感染性两种。孩子正处于发育的关键时期，一旦出现腹泻，会直接影响其对营养物质的吸收。

症状表现

1 伤食泻。因为宝宝吃得过多导致腹胀、腹痛，大便酸臭；由于饮食过多损伤脾胃，导致宝宝不想吃饭。

2 脾虚泻。脾胃虚弱导致吃完就泻，大便含有不消化的食物等，但不臭；宝宝面色发黄，精神萎靡。

3 风寒泻。由于外出玩耍、洗澡不注意或天气转凉没有及时加衣等外因导致宝宝腹部受凉，大便清稀、有泡沫或呈绿色，有的宝宝会有发热的症状。

4 湿热泻。泄下急迫，大便臭，少数会有黏液，肛门周围红肿，食欲不振，唇干，有时会有发热的症状。

应对腹泻这样吃

1 适量多喝水，补充身体丢失的水分。

2 多吃温性食物，忌食寒凉食物，以免病情加重。

3 B族维生素、维生素C含量丰富的水果和蔬菜，能补充腹泻流失的营养，可适量进食，如茄子、柑橘、苹果等。

4 少食多餐，饮食宜由少到多、由稀到稠。

5 忌食肥腻的食物和坚果之类较硬的食物。

预防腹泻要点

1 未断奶的孩子，提倡母乳喂养，尽量避免给孩子夏季断奶。

2 督促孩子养成良好的卫生习惯。

3 要合理喂养，对孩子添加辅食要逐渐进行，切不可过快过多。

便后洗手可以帮助消除细菌，预防腹泻。宝宝在如厕后，要让其养成便后洗手的好习惯

○ 秋季腹泻巧处理

秋季腹泻是孩子常见的疾病，多发生在每年的秋季。秋季腹泻起病急，多是先出现呕吐的症状，不管吃什么，哪怕是喝水，都会很快吐出来。紧接着就是腹泻，大便像水一样或者是蛋花样便，每天五六次，严重的也有十几次的。

腹泻的同时还伴随低热，体温一般在37～38℃。孩子会因为腹痛一直哭闹，并且精神萎靡。

秋季腹泻是一种自限性疾病

婴幼儿秋季腹泻是一种自限性腹泻，即使用药也不能显著缓解症状。呕吐一般1天左右就会停止，有些会延续到第2天，而腹泻却迟迟不止，即便烧退下来了，也还会持续排泄三四天像水一样的呈白色或柠檬色的便，时间稍长，大便的水分被尿布吸收后，就变成了质地较均匀的有形便，而并不只是黏液。一般需要7～10天，孩子才能恢复健康。

防止孩子脱水

秋季腹泻要提防孩子脱水，可以去药店买点调节电解质平衡的口服补液盐，孩子一旦开始吐泻，就用勺一口一口不停地喂他。如果吐得很严重，持续腹泻，孩子舌头干燥，皮肤出现皱褶，且不能马上恢复原来状态，这就说明开始脱水了，此时必须去医院输液治疗。

在喂养方面，起初除了喂奶还可以喂些米汤之类的流食，待呕吐停止后，孩子如果有食欲，可以添加一些易消化的辅食。

○ 宜吃忌吃食物对对碰

明星食物

苹果

苹果有收敛作用，止泻效果佳。

油菜

油菜富含维生素C、B族维生素等，能补充因腹泻所流失的营养。

忌吃食物

韭菜

韭菜含膳食纤维较多，刺激肠蠕动，会加重病情。

辣椒

辣椒刺激性较强，会刺激肠道，加重腹泻。

红糖苹果泥 涩肠止泻

材料 苹果半个，红糖适量。

做法

1 将苹果用清水洗净，削皮、去核，切片。

2 将苹果片放在碗内，隔水蒸烂。

3 取出碗，加入红糖，与苹果一起搅拌成泥状即可。

营养师说功效

苹果含有鞣酸，有收敛作用；苹果所含果酸可以吸附毒素，增强抵抗力。这款食物适合孩子腹泻食疗。

香菇油菜 补充因腹泻流失的营养

材料 油菜200克，鲜香菇150克。

调料 葱花、姜丝、盐各4克，酱油、料酒各5克。

做法

1 将油菜择洗干净，切长段；香菇洗净，切片。

2 油锅烧热，爆香葱花、姜丝，放香菇、酱油、料酒翻炒，放油菜，加盐炒熟即可。

温馨tips

如果是干香菇，取一个饭盒之类的带盖容器放入香菇，加温水，盖上盖子，摇晃5分钟，香菇即可快速泡发。

胡萝卜小米糊 辅助治疗腹泻

材料 小米50克，胡萝卜1根。

做法

1 将小米淘净，熬成小米粥，取上层米少的米汤，凉凉。

2 将胡萝卜去皮洗净，切块，蒸熟。

3 将胡萝卜捣成泥，与小米汤混合，搅拌均匀成糊状即可。

○营养师说功效

这款米粥含有丰富的胡萝卜素、B族维生素、烟酸等营养成分，有健脾和胃、补肝明目、清热解毒等功效。

遗尿

大多数孩子3～4岁开始能自己控制排尿，如果超过5岁还经常尿床，白天有时也有尿湿裤子的现象，医学上称为“遗尿症”。

症状表现

1 孩子在1~1.5岁时，就能在夜间控制排尿了，尿床现象已大大减少。但有些孩子到了2岁甚至2岁半后，还只能在白天控制排尿，晚上仍常常尿床，这依然是一种正常现象。

2 大多数孩子3岁后夜间不再尿床。遗尿是指5岁以上的孩子在夜间睡眠中，小便不受控制地排出的一种状况。遗尿的孩子轻者数天一次，严重的天天发生，甚至一夜数次。

3 若孩子因白天游戏过度、精神疲劳、睡前饮水过多等原因而偶然发生遗尿，则不属病态，妈妈不用担心。

发现孩子在3岁之后依然会尿床时，应该及时帮助孩子纠正；超过5岁还出现每周多于2次的遗尿，就要进行治疗了。宝宝3~5岁时是锻炼膀胱的重要时期，家长要掌握时机

家庭护理须知

1.让孩子在白天至少有一次保留尿液到有轻度涨满不适感，以锻炼膀胱功能。

2.下午4点以后，要减少孩子的饮水量，晚餐尽量少喝水，睡觉之前也不应该再多喝水。如果睡前喝了很多水或吃了含水量高的水果，爸爸妈妈应在夜间叫孩子起床排尿，使尿液及时排出。

3.合理安排孩子白天睡觉的时间，要让他习惯早醒，并将下午睡觉的时间相应提前，傍晚6点以后尽量不要让他睡觉，到夜晚再睡。

应对遗尿这样吃

饮食护理

1.常给孩子食用如香菇、莲子、山药、百合、糯米等养心、安神的食物。

2.有遗尿症的孩子应吃一些补肾固涩的食物，如糯米、鸡内金、鱼鳔、山药、莲子、韭菜、黑芝麻、桂圆、乌梅等。

3.肝火较旺的孩子可以吃一些清补的食物，如大米、薏米、山药、莲子、鸡内金、豆腐、银耳、绿豆、红豆、鸭肉等。

饮食禁忌

1.巧克力、柑橘类食物容易在孩子体内产生反应，使膀胱充盈，睡眠时，有尿不能及时醒来，导致遗尿，所以要尽量避免给孩子吃这些食物。

2.辛辣食物有刺激性，要少给孩子吃，否则可能会刺激孩子的神经系统，使大脑皮质功能失调，发生遗尿。

3.睡前避免让孩子吃如红薯、甜瓜、巧克力等易胀气的食物。

宜吃忌吃食物对对碰

明星食物

桂圆

桂圆属于温补固涩食物，适合肾气不足的孩子食用。

豆腐

豆腐是清补食物，肝火过旺的遗尿孩子可以经常食用。

忌吃食物

西瓜

西瓜性味甘寒，利尿作用明显，会加重遗尿的病情。

辣椒

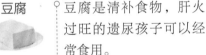

孩子的神经系统发育不成熟，容易兴奋，辣椒可以使大脑皮质的功能失调，从而导致遗尿。

莲子糯米粥 缓解遗尿症状

材料 莲子25克，糯米50克。

做法

1 将莲子、糯米清洗干净备用。

2 将洗好的糯米、莲子一起放入锅中，加适量清水煮成粥即可。

○温馨tips

糯米制品一定要加热后再给孩子食用，否则不易消化。

香椿拌豆腐 防治遗尿

材料 香椿100克，豆腐300克。

调料 盐3克，香油少许。

做法

1 将香椿择洗干净；将豆腐洗净，切成丁。

2 锅置火上，倒入清水烧沸，将香椿焯一下，捞出控净水，切碎。

3 将豆腐、香椿、盐、香油拌匀即可。

○营养师说功效

这道菜具有滋养肝脏的作用，因肝火过旺而导致遗尿的孩子食用后，会缓解遗尿症状。

黑枣桂圆糖水 调理遗尿

材料 黑枣20克，桂圆肉10克，红糖20克。

做法

1 将黑枣、桂圆肉洗净。

2 将洗好的黑枣、桂圆放入锅内，加清水500克，煮熟或隔水炖40分钟，加红糖搅匀即可。

温馨tips

趁热饮糖水，吃黑枣及桂圆肉。每日1剂，1次吃完，可长期食用。

水痘

水痘是幼儿常见的一种疾病，传染性非常强，是由水痘病毒引起的。通常有2～3周的潜伏期，在晚冬和春季发病率最高。

水痘开始时会出现少量米粒大的红疹，半天到第二天就遍及全身，并变成水疱样。一两日后变成发白、有混浊液体的脓包，同时伴有瘙痒症状。有的孩子会伴有头痛、发热症状。容易引发口腔溃疡，进食时孩子会感到疼痛。

症状表现

1 水痘通常在发热一天后出现，先见于躯干部及头部，然后逐渐蔓延至面部与四肢。

2 水痘以胸、背、腹部为多，面部、四肢较少。初期为小红点，很快变为丘疹，再变成绿豆大小的水疱，水疱壁较薄且容易破，周围有红晕，疱液为清水样，以后变混浊，水疱破后结痂。

当宝宝患了水痘以后，身体不舒服，因此哭闹时，父母要想办法稳定宝宝的情绪

○ 预防水痘要点

1 帮孩子养成良好的卫生习惯，勤给孩子洗手。

2 避免带孩子去人多的地方。

3 日常饮食增加富含维生素C的食物，增强孩子免疫力。

4 平时让孩子多锻炼身体，提高抗病能力。

5 接种疫苗是最有效的预防措施。

○ 饮食护理

1 妈妈要鼓励孩子多喝水。

2 孩子的饮食要易消化、营养丰富，半流食或软食较好。

3 在孩子的饮食中适量增加麦芽和豆类制品。

4 忌让孩子食辛辣、刺激性强的食物；过甜、过咸的食物也不宜多吃。

○ 宜吃忌吃食物对对碰

明星食物

薏米

薏米具有利湿、清热的功效，适合患水痘的孩子食用。

绿豆

绿豆有利水、清热解毒的作用，可辅治孩子水痘。

忌吃食物

炸鸡

炸鸡会加重水痘患儿因发热引起的食欲减退、消化不良等症状。

辣椒

辣椒可助火生痰，使孩子的水痘病情更为严重。

薏米橘羹 促进新陈代谢、增强免疫力

材料 橘子300克，薏米100克。

调料 白糖、糖桂花、水淀粉各适量。

做法

1 将薏米淘洗干净，用冷水浸泡2 小时；将橘子剥皮，掰成瓣，切成丁。

2 锅置火上，加入适量清水，放入薏米，用大火煮沸后改小火慢煮。

3 薏米烂熟时加白糖、糖桂花、橘子丁烧沸，用水淀粉勾稀芡即可。

○营养师说功效

薏米含多种维生素、矿物质，能促进新陈代谢；橘子富含维生素C和柠檬酸等物质，有增强免疫力、减轻疲劳的作用。

绿豆粥 清热排毒

材料 大米75克，绿豆25克。

做法

1 将绿豆淘洗干净，放入清水中浸泡4～6小时；将大米淘洗干净。

2 将大米和绿豆倒入电饭煲中，加入适量清水，盖严锅盖，按下“煮粥”键，煮至电饭锅提示粥煮好即可。

营养师说功效

绿豆性味甘寒，有清热、解毒的作用，与大米一同煮成粥后食用能清热解毒，适合水痘患儿食用。

近视眼

孩子的眼球正处在生长发育阶段，调节能力很强，眼球壁的伸展性也比较大，长时间近距离阅读、写作时，眼球的前后轴就可能变长，很容易形成近视。视力一般要至成人阶段才会稳定下来。

○ 避免过量吃甜食

爸爸妈妈都知道常吃甜食容易发胖，其实，还会影响眼睛健康。甜食中的糖分在人体内代谢时需要大量的维生素B_1，如果孩子摄入过多的糖分，体内的维生素B_1就会相对不足。如果孩子患有近视，应该尽量少吃甜食，可以多吃些白萝卜、胡萝卜、黄瓜、豆芽、菠菜、糙米、芝麻等，这些食物对视力有好处。

○ 少吃辣味食物

对眼睛而言，最怕体内热上加热。辣味食物容易让身体上火，孩子过多地摄入辣味食物可能直接伤及眼睛，使眼睛有烧灼感，眼球血管充血，还容易出现结膜炎、视力减退等症状。北方空气干燥，更应少吃辣味食物，否则对眼睛的伤害会更大。

○ 食物品种要多样，避免挑食与偏食

孩子挑食和偏食会造成营养不均衡，一旦身体缺乏某些营养素，就可能影响眼睛的正常功能，造成视力衰退。家长要根据孩子的实际情况全面合理地安排膳食，要做到荤素合理搭配、粗细结合。特别是粗粮中含有较多的营养素，对孩子的眼睛有很好的保健作用。

在宝宝画画、写字、读书时，妈妈要适时让宝宝休息一会儿，避免眼睛疲劳，预防近视

○ 增加一些硬质食物的摄取

软食会降低人的咀嚼功能，而咀嚼对于孩子的眼部肌肉的运动有很好的辅助作用，多嚼一些胡萝卜、水果、坚果等硬质食物，能够充分活动眼部肌肉，提高眼睛的自我调节能力。

○ 保证摄入充足的蛋白质

适当增加鱼、肉、蛋、奶等富含蛋白质的食物，含有蛋白质的食物对孩子视力的正常调节十分有益，保证蛋白质的供应有利于维护眼睛的正常功能。

○ 宜吃忌吃食物对对碰

明星食物

动物肝脏

动物肝脏富含的维生素A能预防眼角膜干燥和退化，增强暗视力能力。

胡萝卜

富含胡萝卜素的胡萝卜用油炒熟了吃，能使胡萝卜素在人体内转化成维生素A。

猕猴桃

猕猴桃富含维生素C，维生素C是组成眼球晶状体的成分之一。

鸡蛋

鸡蛋富含蛋白质、钙，钙可以消除眼睛紧张。

忌吃食物

蛋糕

多食蛋糕会造成血钙减少，影响眼球壁的韧性和弹性，容易导致近视。

含咖啡因饮料

经常饮用含咖啡因饮料会使眼内组织弹性降低，微量元素铬的储存量减少，眼轴容易变长，导致近视。

枸杞子粥 保护视力

材料 大米50克，枸杞子5克。

做法

1 将大米淘洗干净；将枸杞子洗净。

2 将大米放入砂锅内，加适量水，用小火烧至沸腾，待米开花，加入枸杞子再煮5分钟，停火闷5分钟即可。

营养师说功效

枸杞子粥可补血明目，还可增加白细胞数量，使孩子抵抗力增强，从而预防疾病。

油菜蛋羹 明目、健脑益智

材料 鸡蛋1个，油菜叶50克，猪瘦肉20克。

调料 盐2克，葱末3克，香油少许。

做法

1 将油菜叶、猪瘦肉分别洗净，切碎。

2 将鸡蛋磕入碗中，打散，加入油菜碎、猪肉末、盐、葱末和适量凉白开，搅拌均匀。

3 蒸锅置火上，加适量清水煮沸，将混合蛋液放入蒸锅中，用中火蒸6～8分钟，取出淋香油即可。

温馨tips

蒸鸡蛋羹的火不要开太大，用中小火即可，火力太猛的话，蒸好的蛋羹有蜂窝状。

香菇蔬菜面 维持眼角膜功能

材料 面条100克，香菇、胡萝卜各20克，菜心100克。

调料 蒜片、盐适量。

做法

1 将菜心洗净，切段；将香菇、胡萝卜洗净，切片。

2 锅内倒植物油烧至五成热，爆香蒜片，放入胡萝卜片、香菇片、菜心段略炒，加足量清水大火烧开。

3 将面条用水冲洗，放入锅中煮熟，加盐调味即可。

○温馨tips

面条下锅前用清水冲洗，去掉外面的淀粉，可以保持汤汁的清澈。

生长痛

生长痛是指儿童的膝关节周围或小腿前侧疼痛，这些部位没有任何外伤史，活动也正常，局部组织无红肿、压痛。

生长痛大多是因儿童活动量相对较大、长骨生长较快、与局部肌肉和筋腱的生长发育不协调等而导致的生理性疼痛，多表现为下肢肌肉疼痛，且多发生于夜间。

生长痛发生的原因

1 代谢物堆积。孩子过度活动，发育过程中组织代谢物过多，不能及时排泄清除，会引起酸性代谢产物的堆积，从而造成肌肉的酸痛。

2 骨骼生长过快。孩子骨骼生长迅速，而四肢长骨周围的神经、肌腱、肌肉的生长相对较慢，从而产生牵拉痛。

3 骨内弯。孩子开始学步时小腿的胫骨较弯曲，膝关节也会外翻。随着身体的生长，大部分幼儿依靠腿部肌肉力量会逐渐矫正畸形。部分孩子没有及时矫正，为了保持关节的稳定，腿部肌肉经常保持紧张状态，从而出现生长痛。

玩游戏可转移孩子注意力，让孩子忘记生长痛

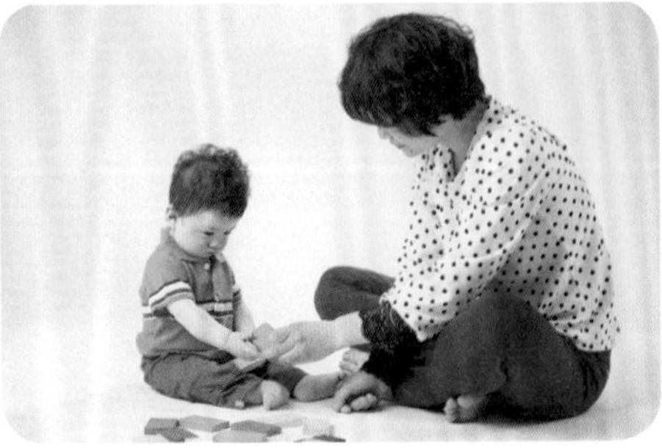

应对孩子生长痛的措施

1 转移孩子注意力。这是让孩子忽略疼痛的有效方法。父母可以用讲故事、做游戏、玩玩具、看卡通片等方法来吸引孩子。对待处在生长痛期的孩子要比平时更加温柔体贴。家长的鼓励和精神支持，对孩子来说是最重要的镇痛良方。

2 按摩、热敷。父母可用热毛巾对疼痛部位进行按摩或热敷，缓解疼痛带来的不适感觉。按摩时，一定要注意揉捏的力度。让孩子在温柔的抚摸下入睡。

3 减少剧烈运动。一般不需要限制有生长痛的孩子的活动，但如果疼痛比较厉害，应该注意让孩子多休息，放松肌肉，不要进行剧烈活动。

4 补充营养素。多给孩子补充能促进软骨组织生长的食物，如牛奶、骨头、核桃、鸡蛋。维生素C对胶原蛋白合成有利，可以让孩子多吃一些富含维生素C的蔬菜和水果，如韭菜、菠菜、柑橘、柚子等。

生长痛吃什么，男女有别

小男孩的生长痛

肾虚型。孩子整天无精打采、经常喊腰酸、不能久站、易疲倦，舌质偏淡、脉象虚弱。治疗原则以健脾补肾为主，宜食山药、栗子、茯苓、丹皮等，用法用量请遵医嘱。

血虚型。孩子经常脸色苍白、容易头晕、四肢冰冷。治疗原则以益气补血为主，宜食黄芪、茯苓等，用法用量请遵医嘱。

脾虚型。孩子较瘦，容易呕心、腹胀、大便不成形、舌苔厚白、脉象沉弱。治疗原则以补脾健胃为主，宜食山药、桔梗、陈皮、莲子等，用法用量请遵医嘱。

小女孩的生长痛

气血两虚型。孩子气血虚弱、容易头晕、面色苍白、四肢冰冷、发育迟缓。治疗原则以补气益血为主，宜食黄芪、蜂蜜、木瓜等，用法用量请遵医嘱。

肝气郁结型。孩子胸口常感觉闷、压力大、多梦。治疗原则以解郁为主，宜食丹皮、茯苓等，用法用量请遵医嘱。

宜吃忌吃食物对对碰

明星食物

韭菜

韭菜富含维生素C，维生素C对胶原蛋白合成有利，从而缓解生长痛。

牛奶

牛奶富含胶原蛋白和弹性蛋白，可以促进软骨组织生长。

忌吃食物

碳酸饮料

经常喝碳酸饮料会影响骨骼对钙质的吸收，从而导致生长痛。

冰激凌

寒凉的冰激凌容易损伤肠胃，导致消化不良，从而影响营养物质的吸收，加重生长痛。

牛奶花生豆浆 帮助软骨组织生长

材料 黄豆70克，花生米15克，牛奶200克。

做法

1 将黄豆、花生米洗净，浸泡于水中，泡至发软。

2 将全部食材放入豆浆机杯体中，加适量清水，启动豆浆机约15分钟后，用滤网滤出豆渣即可饮用。

温馨tips

把黄豆和花生要分别浸泡。室温下将黄豆用凉水浸泡8小时；将花生浸泡20分钟，去红衣，再浸泡20分钟即可。

韭菜炒鸭肝 强健骨骼

材料 鸭肝100克，韭菜200克，胡萝卜75克。

调料 酱油、盐各适量。

做法

1 将胡萝卜洗净，去皮，切条；将韭菜洗净，切段；将鸭肝洗净，切片，在沸水中焯烫，沥干，用酱油腌渍。

2 炒锅置火上，倒植物油烧热，放入鸭肝煸熟，盛出待用。

3 锅留底油烧热，倒入胡萝卜条和鸭肝翻炒，加入韭菜段翻炒片刻，调入盐略炒即可。

温馨tips

肝是毒物中转站和解毒器官，所以买回的鲜肝不要急于烹调。应先把肝冲洗10分钟，然后放在水中浸泡30分钟，去除其中的毒素。

双色饭团 缓解生长痛

材料 米饭100克，腌渍鲔鱼20克，菠菜30克，鸡蛋1个，紫菜2片。

调料 番茄酱适量。

做法

1 制作茄汁饭团：腌渍鲔鱼压碎，和番茄酱一起拌入米饭中，做成饭团，然后放在铺好的紫菜上即可。

2 制作菠菜饭团：将菠菜洗净，烫熟，挤干水分并切碎；鸡蛋煮熟，取半个切碎；将菠菜、煮蛋和米饭混合，做成饭团，然后放在铺好的紫菜上即可。

温馨tips

如果觉得菠菜饭团没有味道，可以在饭团中加少许盐调味。

肥胖

孩子肥胖通常都与饮食习惯有关，爱吃甜食和油腻的食物，暴饮暴食，常吃零食，而不爱吃蔬菜和水果。肥胖会影响孩子身体和智力发育，应该及时控制体重。与成人相比，儿童能更成功地运用健康饮食，辅助适量运动，从而使体重长期保持在健康范围之内。

症状表现

1 肥胖的孩子常有疲劳感，用力时气短或腿痛。

2 严重肥胖者由于脂肪的过度堆积限制了胸扩展和膈肌运动，使肺换气量减少，造成缺氧、气急、发绀、红细胞增多，甚至更严重的症状。

儿童肥胖判断标准

0~2岁正常儿童体重估计公式

1~6月：体重（千克）=出生体重+月龄×0.7

7~12月：体重（千克）=6+月龄×0.25

2~12岁：体重（千克）=年龄×2+8

2~12岁中国儿童体重指数BMI分类标准（千克/厘米^2）

年龄	男（过轻BMI≤）	男（过重BMI≤）	男（肥胖BMI≤）	女（过轻BMI≤）	女（过重（BMI≤）	女（肥胖（BMI≤）
2岁	15.2	17.7	19.0	14.9	17.3	18.3
3岁	14.8	17.7	19.1	14.5	17.2	18.5
4岁	14.4	17.7	19.3	14.2	17.1	18.6
5岁	14.0	17.7	19.4	13.9	17.1	18.9
6岁	13.9	17.9	19.7	13.6	17.2	19.1
7岁	14.7	18.6	21.2	14.4	18.0	20.3
8岁	15.0	19.3	22.0	14.6	18.8	21.0
9岁	15.2	19.7	22.5	14.9	19.3	21.6
10岁	15.4	20.3	22.9	15.2	20.1	22.3
11岁	15.8	21.0	23.5	15.8	20.9	23.1
12岁	16.4	21.5	24.2	16.4	21.6	23.9

体重指数（BMI）计算公式：体重（千克）/身高的平方（厘米^2）

○饮食原则

1 根据孩子的年龄段制定节食食谱，限制热量摄入，同时要保证生长发育需要，食物多样化，维生素、膳食纤维要充足。

2 多吃粗粮、蔬菜、豆类等富含膳食纤维的食物，可以帮助孩子排出体内堆积的垃圾废物，预防肥胖。

3 食物宜采用蒸、煮或凉拌的方式烹调。

4 可以给孩子安排几餐量少、低热量、低脂肪的零食，这样的食物可以减轻孩子的体重，还有助于维持正常的血糖，同时还能预防过量生成胰岛素，控制孩子对碳水化合物的渴求。

5 主食、甜食和油脂的摄入量要严格限制，脂肪高的坚果要少吃，尽量不摄入甜食和含糖的饮料。让孩子多吃热量少、体积大的食物，如芹菜、韭菜、萝卜、竹笋等，以增加饱腹感，防止热量摄入过多。

6 鼓励孩子按时进餐，严格控制孩子食用零食及各种休闲小食品，对各种饮料限定用量，每日控制在250～350毫升。

○宜吃忌吃食物对对碰

明星食物

番茄

番茄含有多种营养素，且热量低，具有开胃消食、生津止渴的作用，长期食用也不会导致肥胖。

兔肉

兔肉属于高蛋白、低脂肪、低胆固醇的食物，可适量食用。

黄豆

黄豆富含的锌可促进胰岛素分泌，提高瘦素分泌，有助于维持身体脂肪的稳定。

鸡蛋

鸡蛋富含蛋白质、烟酸、维生素E等，有助于补充体力，预防少食造成的无力。

忌吃食物

人造奶油

人造奶油含有反式脂肪酸，不利于身体健康。

巧克力

巧克力高糖、高油、高热量，是典型的增肥食物。

苹果燕麦糊 促进生长发育

材料 苹果半个，牛奶250克，燕麦片50克。

做法

1 将苹果洗净，去皮、核，切小块。

2 将苹果块、燕麦片、牛奶一起加入搅拌机中打成糊状，微波炉稍加热即可。

○营养师说功效

苹果和燕麦片中都富含膳食纤维，膳食纤维可以帮助肠道蠕动，促进体内的脂肪、废弃物排出体外。因此这款燕麦糊可以防治孩子肥胖。

茄汁黄豆 瘦身、补钙

材料 黄豆200克，番茄100克。

调料 水淀粉5 克，盐3克。

做法

1 黄豆用凉水提前泡6小时， 待完全泡开后倒掉泡豆的水；把黄豆放入砂锅中，加水没过黄豆，大火煮开后撇去浮沫，加盐并转小火煮。

2 番茄洗净，去皮，切块。待黄豆煮至快软烂时，加入番茄块，大火煮开后转小火继续煮。

3 待番茄煮烂成汁且黄豆完全煮熟后，用大火收汁，并用水淀粉勾芡即可。

○温馨tips

要想最大限度地摄入番茄中的维生素C，最好生吃。熟吃时更有利于番茄红素的摄入。

春笋烧兔 预防肥胖

材料 鲜兔肉、春笋各200克。

调料 豆瓣酱20克，肉汤、水淀粉、葱花、姜末、酱油、盐各适量。

做法

1 兔肉洗净，切块；春笋洗净，切块。油锅烧热，下兔肉块炒干水分，再下入豆瓣酱同炒，至油呈红色时下酱油、盐、肉汤一起焖，约30分钟后加入春笋块烧熟，撒上葱花、姜末。

2 待兔肉软烂时倒入水淀粉，收浓汁即可。

营养师说功效

春笋可以吸附脂肪，有促消化的作用；兔肉是低脂肪、少胆固醇的肉类，食用后不用担心增肥。两者搭配，是肥胖孩子的理想菜肴。

附录 儿童不宜多吃的食物清单

蛋糕：蛋糕是高热量、高脂肪的食品，孩子长期食用会引起肥胖。

粉丝：常吃粉丝会发生铅中毒，导致孩子行为异常、智力下降、免疫力下降、反应迟钝、骨骼生长受阻等。

鸡蛋：吃多容易造成营养过剩，还能增加胃肠、肝肾的负担，引起功能失调。每天不宜超过2个。

爆米花：爆米花含铅量很高，儿童常吃多吃极易出现慢性铅中毒症状，造成食欲下降、腹泻、烦躁、牙龈发紫、生长发育迟缓。

油炸食品：油炸食品热量很高，孩子长期食用会引起肥胖。

咸鱼：10岁前经常吃咸鱼，成年后患癌症的危险性比一般人高30倍。

泡泡糖：其中的塑化剂含有微毒，其代谢物苯酚对人体有害。

罐头：罐头食品多数采用焊锡封口，焊条中的铅含量颇高，孩子长期食用会引起铅中毒。罐头食品一般含钠量高，多食还可能导致血压升高。

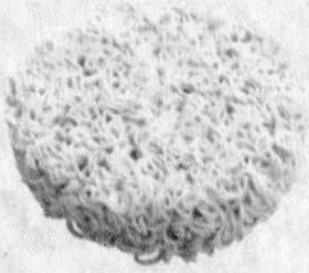

方便面：方便面含有对人体不利的食用色素和防腐剂等，易造成儿童营养失调。

烧烤：儿童常吃羊肉串等烧烤食物，会使致癌物质在体内积蓄，从而使成年后发生癌症的概率大大增加。

巧克力：食用过多会使中枢神经处于异常兴奋状态，产生焦虑不安、心跳加快，还会影响食欲。

碳酸饮料：碳酸饮料摄入过量不但会影响体内钙的吸收，还可能影响中枢神经系统，儿童不宜多喝。